江苏洋口港地区海岸带地质

JIANGSU YANGKOUGANG DIQU HAIANDAI DIZHI

许乃政　刘红缨　杨　辉　著
魏　峰　杨国强　叶　隽

内容提要

江苏洋口港地区是江苏沿海开发作为重要节点进行重点建设的深水港区,海陆交互作用强烈,工程建设活动剧烈,地质灾害复杂多样。本书以江苏洋口港地区水文地质、工程地质、海洋地质、地质环境演变为主线,分析了海岸带地区特殊的地质环境演变过程和趋势,评价了海岸带国土空间开发利用的资源环境适宜性,提出了合理利用海岸带资源的措施,介绍了遥感、同位素示踪、海域地震测量、多波束测深、海洋水动力环境模拟等技术方法在海岸带地质研究中的应用,较全面地反映了海岸带地质研究的水平与近期的研究成果。

本书可供从事水文地质、工程地质、海洋地质及环境变化研究等相关科技人员参考。

图书在版编目(CIP)数据

江苏洋口港地区海岸带地质/许乃政等著. —武汉:中国地质大学出版社,2019.12

ISBN 978-7-5625-4666-5

Ⅰ.①江…
Ⅱ.①许…
Ⅲ.①海岸带-地质环境-研究-江苏
Ⅳ.①P737.172

中国版本图书馆 CIP 数据核字(2019)第 266824 号

江苏洋口港地区海岸带地质	许乃政　刘红缨　杨　辉　魏　峰　杨国强　叶　隽　著	
责任编辑:韦有福	选题策划:王凤林	责任校对:徐蕾蕾
出版发行:中国地质大学出版社(武汉市洪山区鲁磨路388号)		邮编:430074
电　　话:(027)67883511	传　　真:(027)67883580	E-mail:cbb@cug.edu.cn
经　　销:全国新华书店		http://cugp.cug.edu.cn
开本:880毫米×1 230毫米　1/16	字数:353千字	印张:11.25
版次:2019年12月第1版	印次:2019年12月第1次印刷	
印刷:武汉中远印务有限公司	印数:1—500册	
ISBN 978-7-5625-4666-5		定价:128.00元

如有印装质量问题请与印刷厂联系调换

前 言

海岸带是围绕海岸分布的一个带状的环境系统,位于大陆与海洋交汇处,是水圈、岩石圈、生物圈和大气圈各种自然作用的交集地带。海岸带地区是社会经济活动最活跃、生态系统最丰富、海陆作用最强烈的地理区带。当前在距海岸线 100 km 左右的空间范围内,聚集了全球近 60% 的人口和 70% 以上的社会财富。随着全球现代化和城市化进程的加快,到 2050 年,全世界将有 80% 的人口居住在海岸带地区。

中国海岸带涉及沿海 11 个省(市、区)的 54 个地级以上城市以及港澳台地区,包括陆域面积 $42.7 \times 10^4 \text{km}^2$,水深 50 m 以内的海域面积 $61.1 \times 10^4 \text{km}^2$。海岸带地区集中了全国 30% 的大中城市、近 20% 的人口和 35% 的 GDP 总量。中国大陆海岸带有着十分特殊的南北气候分带特征和地质特点,海岸带横跨 22 个纬度,从南到北降水量明显减少,蒸发量、干燥系数增大。中国海岸带所处的大陆架和边缘海沟构造地带是西太平洋沟-弧-盆体系的重要组成部分,受太平洋板块与印度洋板块的地应力影响,地质构造活动强烈,特别是第四纪以来,全球冷暖气候交替频繁,我国海岸带经历了数次沧桑巨变。

海岸带资源和环境地质调查研究工作是全球各国地质调查机构的重点任务,随着沿海开发活动强度和城市化水平的提高,海岸带资源可持续开发、环境保护、灾害风险评估和预警成为各国海岸带地质调查工作的热点。欧美海洋发达国家海岸带地质调查程度高,美国、加拿大、荷兰、英国等国家先后完成了海岸带地区陆域和重点近岸海域大比例尺地质调查工作。近年来,海岸带地质调查重点转入专题性调查或重点区资源环境地质调查,以应对资源与气候变化等新的挑战。

从 2000 年开始,中国地质调查局在中国海岸带地区部署实施了土地质量地球化学、海洋地质、地下水、地面沉降、地面塌陷、矿山地质环境、滩涂资源、地热资源、活动断裂等地质调查工作,取得一系列重要地质调查研究成果。中国海岸带地区地质环境条件总体良好,但局部地区存在活动断裂、地面沉降、地面塌陷、海岸侵蚀淤积、风暴潮等重大地质问题。渤海湾和台湾海峡沿岸活动断裂较为发育,地壳稳定性差;浙江南部、福建和广东沿海山区易发生滑坡、崩塌、泥石流灾害;天津、河北和长江三角洲平原区地面沉降严重;渤海湾、长江三角洲、珠江三角洲局部地区土壤重金属和地下水污染物含量高,海水入侵严重,沿海城市陆续出现资源性缺水和水质性缺水现象;全球变暖和海平面上升加剧海岸带土地侵蚀和地下水环境问题,海岸带规划建设和生态环境保护需要对地质环境给予高度关注。

江苏洋口港地区是江苏沿海开发作为重要节点进行重点建设的深水港区,地处我国东部沿海大陆边缘,其地质环境有先天的脆弱性。从 2000 年以来,该区相对海平面平均上升速率为 2.2mm/a,地下水位漏斗进一步扩大,海水入侵和海岸侵蚀加剧,抵御风暴潮能力大大下降,严重威胁沿海港口和工程安全;地表水水质普遍恶化,近岸海域污染严重,生态环境质量差;具高含水量、高空隙度和高压缩性的松软土层发育,承载力低,为不良工程地质层。

传统的地质工作一般仅仅着重于陆地或海洋,海岸带工作量甚少,海、陆分离现象突出。从 2010 年开始,国土资源部(现为自然资源部)、科学技术部等先后部署过"江苏沿海经济区环境地质调查评价""长江三角洲晚第四纪地质环境演化及现代过程研究""长江三角洲经济区调查评价与区划""南通地区浅层地下水中稀土元素分布特征及其示踪意义"等数十个项目,基于遥感、地球化学及同位素示踪、地球化学模拟、综合物探等技术方法,开展过洋口港地区水文地质、工程地质、海洋地质、第四纪地层对比等方面的研究工作。本书为近期江苏洋口港海岸带地质调查和研究的系统总结。

《江苏洋口港地区海岸带地质》共分 7 章,主要是以著者自身的工作成果为主进行编写的。执笔者均对相应的海岸带地质领域有较长期的深入研究,并有新的思路与见解,对进一步推动海岸带研究有所帮助。

第一章自然地理条件。简述了江苏洋口港地区气候与水文特征、地形地貌、土壤与植被、主要自然灾害和海岸带的动力环境。

第二章水文地质。在洋口港地区水文地质调查的基础上,进行了地下水含水层组的划分和补径排条件的分析,评价了地下水水质状况和潜水含水层与第Ⅲ承压含水层富水性,进行了地下水资源开发利用动态监测与应急水源地初步评价,开展了地下水形成演化研究。

第三章工程地质。在区内工程地质调查的基础上,进行了地下水岩土体工程地质分层、特殊类土工程地质问题研究和工程地质综合评价,提出了地基适宜性分区及基础工程设施建设建议。

第四章海洋地质。应用多波束测深、多道地震测量、浅地层剖面测量、钻探等技术手段基本查明洋口港毗邻海域水下地形地貌和地层特征,进行了土体工程地质分层,厘清了该海域三维浅层地层结构和工程地质结构。

第五章海岸线变迁。基于海岸线特征进行了遥感数据选择、预处理和数字海岸线的解译,量测与表达了海岸线变化特征和规律,结合海岸线变化的时空动态特征、影响因素、海岸线利用及生态环境效应等分析总结,提出了相应的对策与建议。

第六章海岸带地质环境演变。在分析总结江苏沿海辐射沙脊区海底地貌、滩涂地带、海岸带冲淤变化的基础上,开展了海岸带地质环境演变研究,结合海岸带开发利用现状进行了海岸带地质环境未来50年的变化预测。

第七章海洋水动力环境监测与模拟。在监测洋口地区海洋水动力环境的基础上,利用数值模型计算了辐射沙脊群海域的悬沙及地形变化等特征,分析了辐射沙脊群的形成条件、演化过程与趋势。

本书从海岸带地质学的角度,综合研究江苏洋口港海岸带面临的资源、环境及工程安全问题,并预测人为干预条件下海岸带演化存在的问题和对策,可为当地减灾防灾、重大工程与港口建设、地质环境保护提供基础地质资料和决策依据。

应当指出,海岸带面临的环境压力越来越大,保护与开发的矛盾日益突出,环境资源瓶颈效应日益明显,陆海连接带工作亟需加强多学科融合、多种科学技术方法应用。有些调查研究,由于条件所限,仍缺乏系统性和连续性,使得资料收集不够平衡,特别是洋口港地区的古气候重建、地下水咸化机制等方面,有待今后进行深入研究。由于时间与水平所限,书中难免存在错误,敬请读者批评指正。

著　者

2019年11月28日

目 录

第一章 自然地理 ··· (1)

    第一节 洋口港地区范围 ·· (1)

    第二节 气候与水文特征 ·· (2)

    第三节 地形地貌、土壤与植被 ·· (3)

    第四节 滨海海洋地貌 ·· (5)

    第五节 自然灾害 ·· (6)

    第六节 地质灾害 ·· (7)

第二章 水文地质 ··· (13)

    第一节 水文地质条件 ·· (13)

    第二节 含水层组的划分与分布 ·· (19)

    第三节 地下水补径排条件 ··· (24)

    第四节 地下水质量评价 ·· (26)

    第五节 地下水动态监测 ·· (30)

    第六节 地下水形成演化 ·· (34)

第三章 工程地质 ··· (45)

    第一节 工程地质条件 ·· (45)

    第二节 岩土体工程地质 ·· (48)

    第三节 工程地质综合评价 ··· (61)

    第四节 工程建设地质条件评价 ·· (63)

第四章 海洋地质 ··· (67)

    第一节 海洋水深 ·· (67)

    第二节 海洋底质土力学特征 ·· (67)

    第三节 海域地层剖面特征 ··· (71)

    第四节 海域工程地质层组划分 ·· (74)

    第五节 海域工程地质分区 ··· (75)

第五章 海岸线变迁 ··· (78)

    第一节 遥感数据选择与处理 ·· (78)

    第二节 海岸线解译 ·· (84)

    第三节 海岸线变化量测与表达 ·· (89)

    第四节 海岸线变化时空动态 ·· (96)

第五节　海岸线变化生态环境效应 …………………………………………………………（105）
　　第六节　海岸线利用现状 ……………………………………………………………………（108）
第六章　海岸带地质环境演变 ……………………………………………………………………（110）
　　第一节　沿海滩涂地质环境演变 ……………………………………………………………（110）
　　第二节　辐射沙洲地质环境演变 ……………………………………………………………（114）
　　第三节　海岸带冲淤变化 ……………………………………………………………………（118）
　　第四节　第四纪海岸带演化 …………………………………………………………………（120）
　　第五节　海岸带地质环境演变趋势预测 ……………………………………………………（122）
　　第六节　海岸带开发利用与调控 ……………………………………………………………（125）
第七章　海洋水动力环境监测与模拟 ……………………………………………………………（131）
　　第一节　海洋水动力环境监测 ………………………………………………………………（131）
　　第二节　海洋沉积 ……………………………………………………………………………（142）
　　第三节　海域侵淤变化 ………………………………………………………………………（146）
　　第四节　海洋水动力环境模拟 ………………………………………………………………（147）
主要参考文献 ………………………………………………………………………………………（166）

第一章　自然地理

第一节　洋口港地区范围

江苏洋口港地区位于江苏省苏北平原和南黄海南部海域,地质构造上属于扬子板块北缘,行政区划隶属江苏省南通市如东县。东部与北部滨临黄海,南靠南通市,西接如皋县,西北角与海安县毗邻,属长江下游江海平原。工作区陆域部分地势平坦,陆域部分面积约 1873km²,地面高程 3.5~4.5m;海域部分面积约 3150km²。港口中心位于如东县海岸外辐射沙洲潮汐通道黄沙洋主槽与烂沙洋深槽汇合处,地理坐标为北纬 32°35′,东经 121°08′。长沙作业区为洋口港区的深水码头区,位于西太阳沙北侧的烂沙洋深槽区,地理坐标为北纬 32°31′—32°33′,东经 121°24′—121°26′,是江苏省屈指可数的可建 20×10⁴t 级以上的深水海港港址(图 1-1)。

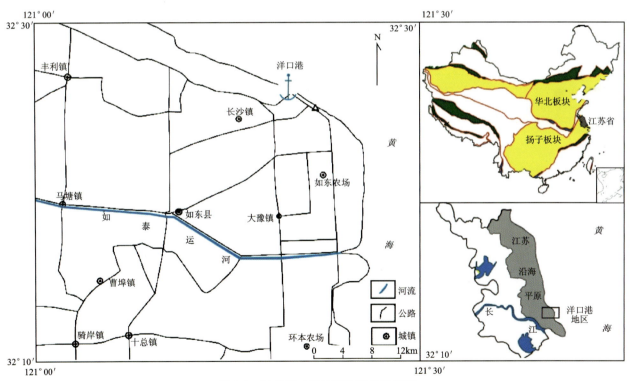

图 1-1　江苏洋口港地区地理地质简图

第二节　气候与水文特征

一、气候特征

江苏洋口港地区属湿润的亚热带季风气候区,气候温和湿润,四季分明,雨热同季,无霜期长,具典型的海洋性气候特征。年均气温 14.8℃,1 月份平均气温 2.1℃,最低气温 −10.6℃;7 月份平均气温 27.3℃,最高气温 38.6℃。年平均降水量 1025mm。

全年盛行风向以东南风、东北风为主,而以东北风最强劲。东南风频率最大但风力不强,一般不超过 5 级;东北风频率次之,但一般风力较强,沿岸经常风力在 4~5 级之间,大者 7~8 级,且风力作用方向正冲海岸,其风浪对本区海岸塑造起重大作用。台风每年出现在 5—11 月间,以 7—9 月份最多,8 月份最频繁。据 1911—1940 年资料统计,本区共发生台风 78 次,平均每年 2.6 次。台风风力猛烈,风速可达 17~24m/s,7~8 级台风几乎每年都有。由强大风力引起的波浪、海流对海岸发生强烈冲刷,因此本区海岸发育的主要动力因素受台风和季风所控制。台风、暴雨是本区的主要灾害性气候。

江苏海岸具有明显的季风气候特点:夏季盛行偏南风,冬季盛行偏北风。沿海地区常年风向为东北风和东南风,强风向为偏北风,最大风速达 16.0~29.3m/s,多年平均风速为 3~4m/s,年平均波高为 0.6~1.2m。波浪的季节变化比较显著:冬季江苏沿海一般以西北到东北向风浪为主,频率最高达 20%,偏北向风浪的总频率为 39%~47%,西北或东北风浪的最大波高一般都在 2.9~4.1m 之间;夏季大多以南向风浪为主,频率一般为 12% 以上,最高达 36%,偏南向风浪总频率一般都在 50% 以上,东东北浪的最大波高为 1.7~3.2m;春秋两季为季风转换季节,一般没有盛行浪向出现。

二、水文特征

江苏洋口港地区分属两大流域水系。废黄河以南至 328 国道、如泰运河为淮河下游区;如泰运河以南属长江流域。本区有众多人工开挖河流及若干沟渠,大多交汇流入黄海。河流径流量随季节性分配极不均匀,枯水期在 11 月至次年 4 月,丰水期在 5—10 月。一般七八月份的径流量占年径流量的 60%~70%。年内降水主要集中在汛期 5—9 月,降水量占全年降水量的 70% 左右;年际变化较大,丰水年降水量 1 148.5mm,特枯年降水量 712.7mm。水资源空间分布存在南多、北少现象,南通市多年平均降水量为 1060mm。

江苏沿海平原地区水流不畅,洪涝灾害和风暴潮灾害频繁。洋口港地区地处长江、淮河下游,是洪水走廊,易形成洪涝夹击的局面。台风暴雨发生的频率较高,台风暴雨的特点是历时较短,但暴雨强度大、潮水位高、破坏力强,如 1960 年、1962 年、1965 年、1974 年、2000 年台风暴雨。若同时遇天文大潮汛,易形成风暴潮。沿海的潮汐作用强烈,近岸口由于受大陆径流等影响,多属非正规半日潮,外海涨落潮历时几乎相等,至近岸浅水地区,受地形影响多为往复性潮流,由于受曲折海岸及河口地形影响,一般湾顶潮差大于湾口。潮差较大,沿海平均潮差 1.5~3.7m,最大潮差可达 3.95m。

洋口港区河网密布,水系发达,河道纵横交错,整个水系分属长江水系和淮河水系。全县共有一级河道 5 条,二级河道 25 条,三、四级河道 1976 条。一级河道中栟茶河属淮河水系,如泰运河、遥望港、九圩港河、北凌河 4 条河流属长江水系。县域范围内无水库、湖泊等蓄水设施,河流大都属雨源型河道,其功能主要是排涝、灌溉。较大河道有横贯全境的如泰运河,西起如皋县丁埝西鬼头街,衔接通扬运河,由石甸入境,经岔河、马塘、掘港、兵房等镇从东安闸入海,贯县域境内60 500m,是如东县引排骨干河道。西北部的栟茶运河起自海安县的塔子里,衔接通扬运河,由河口入境,流经河口、栟茶等地,从小洋口闸入海,贯县域境内26 625m。南北向的江海河,南起南通县的长河滩,接九圩港,由汤园入境,经浒澪入海安县,接北凌河,纵贯县域西部,境内为36 863m。江海河东部为南北向的九洋河,南起南通县的吴观音堂,贯县域境内30 200m,由新店入境,从小洋口闸入海。东部地区南北向的掘苴河,起自掘港镇西部,接如泰运河,从掘苴河闸入海。遥望港位于如东县东南部,是如东县与南通县的一条界河。东西向起自南通县的石港,接九圩港,从曹埠入境,由遥望港闸入海,全长28 011m。

区内浅层地下水埋深较浅,蓄水量丰富,但浅层地下水污染严重,已不适宜作为饮用水源。深层地下水潜水位变动带在地下250~380m之间,深层地质广泛分布着第四纪松散堆积物,透水性能良好。可利用地下水资源量为$1.2\times10^8 m^3$左右。

沿海的波浪,夏季多为东南向波浪,平均波高0.2~1.2m,最大波高5m左右,近岸处波高一般为0.1~0.8m,最大波高多在2.5~3.5m之间。

沿海海流,在外海及海州湾一带属逆时针的旋转流,在灌河、射阳河等较大河流出海口附近往往形成一股沿岸流;在斗龙港到大洋港一带辐射状沙洲分布地段内形成复流,涨潮流流向自东南向西北,这种流向与水下地貌相适应,东沙及其附近深槽在平面分布和发展趋势上完全与潮流方向一致。潮流流速一般在0.1~2.0m/s之间,且涨潮流速大于落潮流速。涨潮含砂量大于落潮含砂量,因而容易引起岸边及闸下河道的落淤。近岸处的潮流流速一般为0.1~0.4m/s,也有超过1.0m/s的。

潮流是江苏沿海潮滩发育的主要因素,潮滩的物质组成是泥沙。泥沙来源主要有3种:一是大陆径流携带而来,据测算,沿岸河流搬运入海的泥沙总量占潮滩总堆积量的15%左右;二是来自废黄河三角洲和吕四附近的海蚀物质,占潮滩总堆积量的35%左右;三是来源于海底,特别是辐射沙洲区及其外围,泥沙由于涨潮流的运动向岸推进,每年以外围海域进入辐射沙洲区的净输沙量达$0.9\times10^8 m^3$,占潮滩总堆积量的50%左右。因此,向岸边运动的海底泥沙及吕四附近的海蚀物质是场地附近沿海潮滩保持淤长的主要物质来源。

第三节 地形地貌、土壤与植被

一、地形地貌

江苏洋口港地区地势平坦,从西南略向东南倾斜,西北部高程为4.0~5.0m,东南部高程在3.2m左右。陆地地貌是典型的滨海平原,分属三角洲平原区、海积平原区和古河汊区3种类型。

三角洲平原区是长江北岸古沙嘴的延伸部分,是长江口沙洲最早连接陆地的区域,沉积物属河相、海相沉积。其范围为北范公堤以南、长沙镇至掘港镇以西和如泰运河以北的地区,包括如东县域内北场、丁杨、潮墩、如华、五总、六总、八总、掘西、新光、陈高、虹元、江庄、肖桥等村和所有镇区。该区地貌平坦,地面高程一般是在3.5~4.5m,也有局部为3m以下的碟形洼地(如张黄荡、长潦荡等)。成土时间较早,经人为水旱耕作熟化,发育为潮土。

海积平原区原是长江主流古横江的东头入海口。唐末,通吕水脊的沙洲和北岸沙嘴涨接,封闭了古横江。近海处,水较深,形成一个马蹄形的海湾。东北大致起自北坎,折向西南,经西亭,由金沙东北折向东,经余西到达吕四。沿海的掘港镇、马塘镇、金沙镇、吕四镇原是著名的盐场。元末以来,由于黄河夺淮,带来了大量的泥沙,使海岸向东推进,清初(公元164年),掘港镇离海约5km。1914年新筑海堤,北起北坎,南经环本到大东港完全成陆,经多年垦殖成为如东县重要产棉区。这里海堤三面环绕,如同马蹄,地理上称三余马蹄形海积平原。地势由两侧海堤向中心倾斜,现在范公堤外的海相沉积物,大部分土壤已经人为改造成潮盐土,1m土体内盐分已降低到0.6%以下,地下水矿化度为3~5g/L,地下水埋藏深度一般在2m左右,部分土壤正向潮土过渡,包括如东县域内三桥、三河、晒盐场、沙南、天星、丁字岸、联丰、洋岸、周店、新丰等村及野营角、银杏村南半部。

古河汊区位于古代长江北岸沙嘴区与通吕水脊区之间,西起平潮白蒲以西,经石港东抵三余马蹄形海积平原区,南北宽35~40km。马塘、孙窑一线以西和台泰河南岸的岔南、新店、汤园以南小块,原地势比较低洼,后经泥沙淤积和人为堆造。目前地面高程为3~4m,沉积物较细,开垦前多为荡田,属脱潜型草甸土,后经人为水旱耕作熟化,今已演变为水稻田。

二、土壤类型

海涂土壤母质为海相与陆相交替沉积物,成土过程中受海水长期浸渍,普遍具有盐分较高、肥力较低的特点。洋口港地区以潮土和滨海盐土为主,分布较广。

江苏沿海的潮土主要分布于新老垦区,土壤脱盐历时较长,主要以灰潮土、盐化潮土亚类为主。灰潮土由河流冲积物发育而成,土壤质地大多为轻壤和中壤,1m深土壤全盐含量在1‰左右,2m表层土壤有机质含量一般为1%~1.5%。盐化潮土为由滨海盐土向潮土发育又未完全脱离盐渍化威胁的过渡型土壤,土壤质地为轻壤土—轻黏土,土壤全盐含量为2‰~4‰,表土有机质含量在1%左右。

江苏沿海的滨海盐土是沿海地区主要的滩涂耕地后备资源,滨海盐土按照其成土过程分为4个亚类,即草甸滨海盐土、沼泽滨海盐土、潮滩盐土和潮盐土。草甸滨海盐土是潮间带草滩生态下土壤经脱盐与草甸化过程形成的,是潮间带内滨海盐土发育的最高阶段,土壤全盐量为0.1%~0.6%,地下水矿化度为4~12g/L之间,土壤有机质含量一般在1.0%左右,高的可达4.0%,具有A层、B层、C层的发生土层。沼泽滨海盐土是在潮间带沼泽化过程与脱沼泽化过程的产物,土壤全盐量为0.2%~0.8%,表土有机质含量在1.0%以上,高的可达4.0%。潮滩盐土为在现代海水作用下母质沉积与盐分积累的原始成土过程中形成的,处于滨海盐土类中最初的发育阶段,土壤全盐量大于0.6%,最高可达1.0%~2.0%,潜水矿化度大于20g/L,土壤有机质含量一般低于0.5%,全剖面没有发生层次的分化。潮盐土亚类主要分布在堤内新垦区,是海涂土壤围垦后,经初期的利用改良,有一定的旱耕熟化程度,在潮土化作用下形成的土壤。土壤全盐量为0.1%~0.4%,地下水矿化度变化在4~10g/L的范围内,表土有机质含量在1.0%左右,耕作层的结构性、孔隙性、透水性较草甸滨海盐土有所改善,具有明显的A层、B层、C层土体结构。

三、自然植被

江苏沿海滩涂的自然植被分3种类型:滨海盐土植被、海岸沙生植被和海岸山丘植被。

滨海盐土植被分布在中、南部粉砂淤泥质海岸,种类组成较为简单,以禾本科为主,莎草科、于藜科居次。盐土植物群落分布与土壤含盐量有关,位置最低的盐蒿群落为盐渍裸地上的先锋植被;沿海群落内侧为碱蒿群落、盐角草群落和大穗结缕草群落;往上则为獐茅群落、茵蒿群落和糙叶苔群落,靠近海堤处为白茅群落。白茅为成熟可垦地的指示植物。河口边滩分布有芦苇群落和扁秆蕉草群落。低洼湿地或溪沟边有水烛群落。潮间带浅海区有盐水生藻类植物,如川蔓藻群落、狐尾藻群落等。局部岸段有人工植被大米草群落。

海岸沙生植被分布在兴庄河口以北的砂质海岸。堤外沙滩主要是草本沙生植被,分布于滩头边缘的沙引草群落为尾先锋植被,向陆为矮生苔草、肾叶天剑群落和筛草、珊瑚菜群落,海堤附近则分布为白茅群落和灌木单叶蔓荆群落。在赣榆龙王河沙堤上,人们营造了紫穗槐灌木林带和刺槐乔木林带。沙生植被皆具发达根系,深埋或横走于沙层内,起着固沙防风的作用。因海岸蚀退和人为挖沙,目前沙生植被种源流失现象严重,如珊瑚菜原为主要建群种,现仅见于东西连岛的后沙滩。

海岸山丘植被分布于连云港云台山区,植物种类较多,赤松林是主要建群种,其他还有黑松林、麻栎、栓皮栎、黄檀、短柄枹树,以及化香、盐肤木、枫香等;人工营造的植被有刺槐、竹、板栗树、油茶树、茶树等;山脊、山顶分布有黄背草、矮丛苔等草本植物。

第四节　滨海海洋地貌

洋口港地区海域部分面积约 $1873km^2$,其中港区位于如东县海岸外辐射沙洲潮汐通道黄沙洋主槽与烂沙洋深槽汇合处,是江苏省屈指可数的可建 $20×10^4$ t 级以上的深水海港港址。海域最显著的地貌特征是坡度极平缓的潮间带和浅海辐射沙洲,由烂沙洋和西太阳沙组成的"水道-沙洲"系统格局是该海域主要的空间格局(图1-2)。辐射沙洲分布在射阳河口以南至长江口一带长约300km的广大近海海域

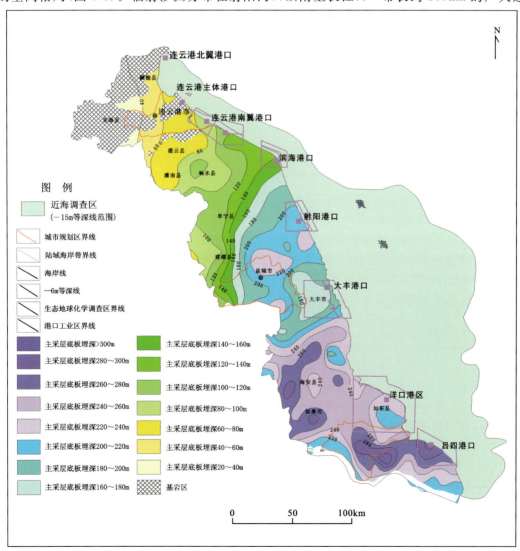

图1-2　江苏沿海地区地貌图

中。在此段海岸线上也同时存在着宽60～70km的潮滩。射阳河口以北潮滩发育较窄，表明这里的大型潮滩是辐射沙洲的组成部分。

从海洋动力的角度，此海域是太平洋前进潮波与黄海旋转驻波两大潮波系统的辐合区，潮差大、潮流强。在建人工岛的西太阳沙高潮时淹没、低潮时出露，高潮位时的大浪和低潮位时的破波对滩槽冲淤变化的影响非常直接。从海域形势来看，西太阳沙仅是辐射沙洲内部的一个孤立小沙洲，四周没有固定的陆域边界；西太阳沙与周边潮汐水道形成的"水道-沙洲"系统也并非单一的封闭体系，不仅烂沙洋与黄沙洋两大潮汐水道的尾部相互串通，西太阳沙也直接受到于烂沙洋北、中、南3条水道的影响。同时，西太阳沙又是由粗砂、粉砂物质组成的浅水沙洲，泥沙活动性较强。周围水道相互串连的动力环境和活动性较强的物质组成，决定了港区滩槽动态较为活跃。

第五节　自然灾害

江苏洋口港地区是海陆交互作用物质与能量交换比较强烈的地带，从陆到海有淮河、长江以及如泰运河、九阳河等河流的水沙过境入海，同时从区内向海输水输沙以及输送大量沿海水生生物生存所需的营养物质。从海向陆有强烈的风暴以及盐潮的入侵。因此，洋口港沿海地带是多种自然灾害事件常年频繁发生的地带。

一、台风

台风和强热带风暴经常侵袭江苏沿海地带，并造成严重危害。据统计，自1951年到2000年50年间，江苏共有170次台风过境，其中有149次对连云港、盐城、南通市段有重大影响，占过境台风总数的87.6%。有严重影响乃至造成局部重大损失的共31次，其中南通市段13次，占总数的41.94%；盐城市段10次，占总数的32.26%；连云港市段8次，占总数的25.8%。南通市段遭受台风灾害的频率相对最高。灾害性台风大多出现在8—9月，1981—2000年有严重影响的台风均集中发生在8—9月期间。

江淮气旋对江苏沿海也有重大影响。它生成于长江中游北侧的大别山地区，发展迅速，在短时间内成为强对流中尺度系统，并快速东移，导致在江苏沿海地区出现冰雹、龙卷风、暴雨和大风等灾害性事件。江苏沿海是江淮气旋最重要的出海口，据统计，江苏历史上重大海损事故中有2/3由这种气旋造成。对江苏沿海有较大影响的江淮气旋，平均每年有16次，最多的年份达23次，每年的4—7月是江淮气旋对沿海地区有重大影响的时间段。

二、寒潮

寒潮也是江苏沿海常遇的自然灾害。1960—2000年侵袭沿海地区的寒潮共179次，平均每年4.4次。11月至次年4月是寒潮的发生期。其中11月占28%，1月占17%，2月占21%，3月占15%，4月占1%，11月和2月的寒潮发生频率相对较高。由于寒潮为大尺度天气系统，影响范围较广，大规模冷空气南下，导致气温下降达10～15℃，并出现0℃和0℃以下的低温，产生霜冻。寒潮对晚秋作物和秋播作物影响严重，其次是初春（2—3月），对春发作物构成危害。同时，寒潮过境时伴随5～8级大风，出海后更是骤然增强，对海洋捕捞和航运有严重影响，并随冷空气不断南下，一次寒潮过程需持续4～7d。

霜冻是指春秋季节因气温下降导致农作物遭受冻害的灾害性天气。江苏省采用小于或等于2℃作为霜冻指标。开始出现霜冻的日期，淮北在11月上旬，沿海地区在11月中旬；霜冻结束日期，太湖地区南部在3月下旬,向北逐渐推迟,苏北在4月上旬。霜冻期全省110～156d,淮北150d以上,江淮之间130～150d,苏南130d以下。灾害比较重的春霜冻,每年平均有4～21d,淮北15～21d,黄淮10～15d,苏南10d以下。春霜冻对拔节后的三麦和抽苔后的油菜特别容易造成危害。秋霜冻年平均2～14d,淮北10d以上,江淮5～10d,沿江地区在与苏南地区在5d以下。江苏省三麦播种、油菜移栽从北到南于10月上旬进行,11月大部分地区处于苗期,易受秋霜冻危害。

三、暴雨

1981—2000年间,江苏沿海地区共发生35次特大暴雨,主要发生在6—9月,占总数的94%,其中8月份频率最高,达31%,其次是9月,占20%。8—9月的特大暴雨中有66%是由台风产生,台风系统在苏北地区与南下的冷空气相结合,不仅带来10级或11级以上的强风,而且产生很强的降水和很大的降水量。2000年8月30—31日,12号台风与冷空气结合,在响水24小时降水量达到821mm,突破江苏最大降水量记录。灌南与灌云的24小时降水超过300mm,赣榆、滨海、连云港超过200mm,在响水、滨海、灌南等地还伴有龙卷风。

1953—2000年间,江苏沿海地区共发生419次冰雹。多雹区和强雹区主要集中在连云港市段的灌云和响水,南通市段其次,近海岸较少发生。6—8月是冰雹发生的主要时段,占总数86%的冰雹发生在连云港市段,盐城市段为88%,南通市段为62%。冰雹来源于中尺度强对流天气系统(如江淮气旋)和强热带风暴(台风)。

1957—2000年间共出现龙卷风105次,75%发生在6—8月,其中又以7月份出现次数最多。1981—2000年有44%的龙卷风发生在7月份;20年间连云港市段出现过12次龙卷风,其中8次发生在7月,占66%之多。按地区分布而言,盐城市段和南通市段各占总数的40%左右,连云港市段占20%。龙卷风虽作用范围小,但突发性强,难以预报,强大的风力往往伴随着冰雹,造成局部地区农作物遭受毁灭性的损害。江苏中北部地区的龙卷风,主要来源于江淮气旋等强对流中尺度天气系统。

四、风暴潮

风暴潮是对江苏海岸安全影响最大的主要自然因素,历史上江苏沿海潮灾频繁,据史料记载,15—19世纪的500年中,海啸和海潮涨溢成灾,南部平均5年一次,北部42年一次。风暴潮发生时,台风风向大多与海岸正交,风急浪高,增水明显,对海堤造成极大的破坏。风暴潮对沿海农业生产和居民生活造成极大的威胁,农田淹没,房屋倒塌,人口伤亡。如1997年11号台风,自8月18日晚在浙江温岭登陆后北上袭击江苏沿海地区,持续时间长达3天,全省普降暴雨和大暴雨。全省81个县(市)受灾,房屋倒塌3.3万间,死亡人数33人,直接经济损失达到53.4×10^8元,尤其以沿海地区损失最大。

第六节 地质灾害

一、地面沉降

江苏沿海地面沉降也是发生在近30年中,主要是大量开采地下水后出现地面沉降。在20世纪80年代以前,地面沉降量极小,以松散岩土的自然固结沉降为主,年沉降量为1～2mm。但20世纪90年代以后,随着各县(市)城区和乡镇大规模开采地下水,并且开采强度逐年骤增,地面沉降问题也迅速扩大至整个区域,发生程度也由轻微趋向严重化。

据监测资料,江苏沿海地区地面沉降已形成以大丰、盐城、南通、海门及如东城区为中心的区域沉降漏斗,累计沉降量大于600mm的区域面积为360km^2,累计沉降量大于400mm的区域面积为840km^2,累计沉降量大于200mm的区域面积超过4000km^2(图1-3)。如东地区地面沉降已持续20余年,西部地段尚属轻度发生区,累计沉降量一般小于200mm,近期沉降速率一般在5～10mm/a之间。但中东部近海地段,地面沉降已进入明显的发展阶段,较大范围已属中度发生区,累计沉降量在200～500mm之间,近期沉降速率一般为10～20mm/a。在时空上,地面沉降发生和发展与地下水开采有着明显的相关性。

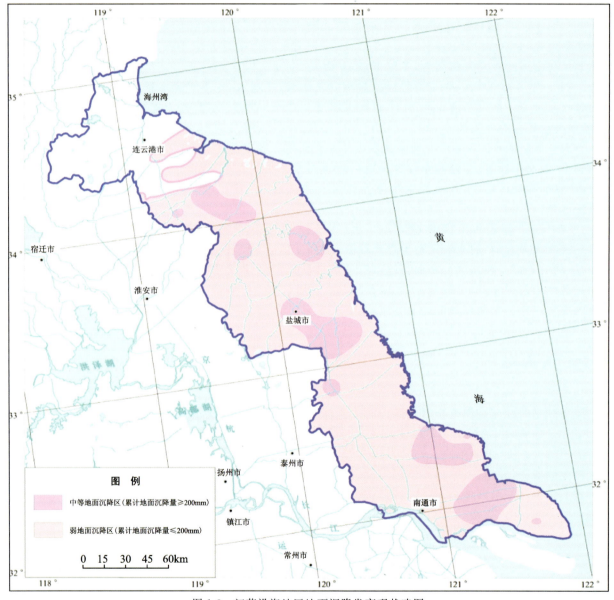

图1-3 江苏沿海地区地面沉降发育现状略图

如东地区近海平原区高压缩性松软土层更为发育,由于离补给边界较远,强烈开采第Ⅲ承压水或第Ⅳ承压水,最易产生释水压缩效应。地势低平是如东县主要特点之一,地面高程,资源十分宝贵,且又临海,地面沉降产生的危害性将远甚于苏州、无锡、常州地区。随着沉降量增加,则会大大增加河、海堤岸的防洪压力。一旦地面沉降发展到较严重的程度,可能导致海水入侵,还会产生土地大面积的盐渍化,丧失大片耕地。

洋口港地区地面沉降地质灾害中度发生区主要分布在栟茶镇杨堡—洋口镇王鸭—岔河镇—曹埠直港一线以东的沿海地区，面积约1337km²。在该区范围内，第Ⅲ承压水和第Ⅳ承压水开采比较强烈，可压缩土层发育，地下水开采后，含水层不易得到补给恢复，为地面沉降最敏感地区。在现状中累计地面沉降量已大面积超过300mm，目前还以10~20mm/a的沉降速率继续发展，表明该区已进入地面沉降发展阶段。

地面沉降地质灾害轻度发生区主要分布在以西平原地区，面积333km²。据地面测量资料反映，该区累计地面沉降量一般都在240mm以内，近期沉降速率也多在5~10mm/a之间，属地面沉降轻度发生地区。

二、海水入侵

随着全球气温升高导致海平面的上升，加之地下水位的强烈下降，在该地区易发生海水入侵现象。据原国家海洋局（现中华人民共和国自然资源部）发布的中国海平面公报，江苏沿海近几十年相对海平面平均上升速率为2.2mm/a，超过同期全球平均上升速率，列全国各省（市、区）之首，相对海平面上升速率最高达8.72mm/a。

由于近海地区的潜水含水层或承压含水层与海水有着水力联系，在天然状况下，陆地含水层保持较高的水头，淡水与海水之间保持某种动态平衡，陆地含水层能阻止海水入侵。但大幅度开采陆地淡水，必然破坏原有的平衡，导致含水层中原有的淡水空间被海水充填，使水质盐化。江苏沿海经济区处于滨海地带，土壤盐分较高。近年来该区域地下水位漏斗进一步扩大，加之三峡大坝建成后，长江入海径流量减小，海水沿长江上溯，以及黄海海平面上升等因素引发海水上溯，产生咸潮入侵内河，致使原本属淡水的河道或河段出现水质变咸、盐度增高等现象，并导致低洼地区排水不畅，内涝时间延长，加重洪涝灾害。

沿海地区受第四纪海侵的影响，浅层地下水普遍为矿化度大于3g/L的半咸水、咸水，深层水虽以淡水为主，但局部存在微咸水透镜体，其含水层向东部海域延伸也逐步向微咸水、咸水过渡。在开采条件下，上下含水层和深层咸水、淡水之间的天然平衡遭到破坏，从而引起上部咸水体越流补给和海域咸水体西移，使淡水含水层逐渐咸化，咸水入侵问题将越来越严重。

三、水环境污染

1. 地表水污染

随着工农业发展，越来越多的化学污染物进入地表水体，使地表水水质普遍恶化。同时陆源污染物排海又造成近岸海域污染。2009年对江苏沿海所有入海河口监测结果显示，96.3%排污口出现污染物超标现象，居全国第三位，主要超标污染物（或指标）为COD、氨氮、磷酸盐、BOD5、石油类、挥发酚、铅等。2009年实施监测的排污口邻近海域面积为68.3km²，海水质量较差，底栖环境质量未见好转，生态环境质量处于极差状态（表1-1）。

表1-1 江苏沿海地区入海排污口邻近海域生态环境质量等级表

排污口名称	海洋功能区类型	要求水质	实际水质	生态环境质量
临洪河入海口	养殖区	二类	劣四类	极差
中山河口	养殖区	二类	劣四类	极差
王港排污区排污口	养殖区	二类	劣四类	极差
小洋口外闸	养殖区	二类	劣四类	极差

连云港和盐城地区是省域水资源量最欠缺的地区,尤其是连云港主要依靠人工蓄水解决供水问题,在干旱期或用水高峰期,供水矛盾十分突出。盐城市地表水源地的防护范围只有几百米到上千米,加之一些河段取水口与排污口犬牙交错,地表水源地很容易受到污染,防污性能较差,水源水质保障程度低。

2. 浅层地下水污染

根据 2009 年度地下水污染调查的成果,江苏沿海经济区浅层地下水污染严重,严重污染区占全区比例接近 40%,轻度污染区仅仅在局部区域分布(图 1-4)。浅层地下水污染主要有两个方面的原因:一是工业废水不达标,排放比较严重,城市生活污水处理能力不足;二是江苏沿海地区发育有黄河、长江三角洲及古河道,沉积物颗粒相对较粗,缺乏完整的相对隔水层,地下水防污性能较弱。

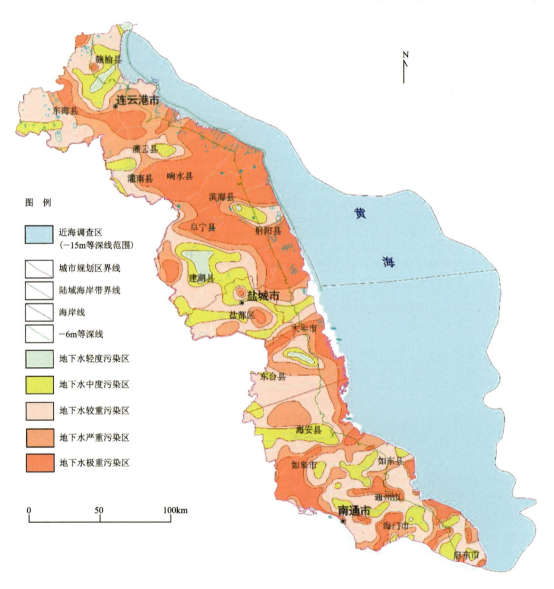

图 1-4 江苏沿海地区浅层地下水污染分区图

根据 2009 年度地下水污染调查的成果,洋口港地区浅层地下水污染严重,严重污染区占全区比例接近 30%,主要分布在大豫镇沿海、小洋口和丰利镇,轻度污染区仅零星分布。潜水的溶解性总固体(TDS)超标率达 70% 以上。

3. 深层地下水水质恶化

据地下水污染调查,沿海地区深层地下水水质不容乐观。潜水的溶解性总固体在射阳大丰滨海平原水文地质块段、沂沭泗东部滨海平原水文地质块段均超标。深层地下水比浅层地下水稍好,但水质综合质量评价结果表明,超标率往往超过80%(表1-2)

表1-2 江苏沿海深层孔隙水主要指标质量评价超标率分区一览表　　　　　　　　　　单位:%

指标	水文地质块段								
	里下河洼地平原			射阳大丰滨海平原			沂沭泗东部滨海平原		
	合计	Ⅱ、Ⅲ	Ⅳ、Ⅴ	合计	Ⅱ、Ⅲ	Ⅳ、Ⅴ	合计	Ⅱ、Ⅲ	Ⅳ、Ⅴ
Fe	27.30	35.50	16.70	29.20	41.70	16.70	19.20	20.00	18.80
Mn	49.10	51.60	45.80	12.50	12.50	12.50	38.50	50.00	31.30
Cl^-	10.00	11.30	8.30	27.10	16.70	37.50	38.50	40.00	37.50
SO_4^{2-}	0	0	0	2.10	0	4.20	0	0	0
总硬度	1.80	3.20	0	0	0	0	3.80	10.00	0
TDS	4.50	8.10	0	10.40	8.30	12.50	38.50	50.00	31.30
COD_{Mn}	0.90	1.60	0	2.10	4.20	0	0	0	0
NH_4^+	0.90	1.60	0	2.10	4.20	0	0	0	0
Na^+	16.40	17.70	14.60	62.50	37.50	87.50	57.70	60.00	56.30
Se	0	0	0	4.20	0	8.30	60.00	40.00	73.30
I^-	34.90	39.00	29.80	62.50	37.50	87.50	96.00	90.00	100.00
F^-	0	0	0	16.70	4.20	29.20	0	0	0
NO_2^-	8.20	9.70	6.30	31.30	37.50	25.00	0	0	0
As	6.40	8.10	4.20	16.70	33.30	0	4.00	10.00	0
Pb	0	0	0	0	0	0	0	0	0
CH_2Cl_2	0	0	0	0	0	0	0	0	0
综合评价	74.50	83.90	62.50	91.70	87.50	95.80	96.20	100.00	93.80

四、地下水位下降

江苏沿海地区经过30多年的开发利用,已形成以城市为中心的区域性水位降落漏斗,区域水位呈平盘式下降。第Ⅱ承压水水位降落漏斗分布在盐城地区,漏斗面积超过2000km²;第Ⅲ承压水水位降落漏斗分布在南通及盐城地区,漏斗面积达10 000km²(南通4500km²、盐城5500km²);第Ⅳ承压水水位降落漏斗分布在盐城及南通地区,区域漏斗面积近7500km²,其中超采区面积达6000km²(南通2500km²、盐城3500km²)。由于深层地下水得到的补给极为复杂和缓慢,一旦长期超量开采,就会造成深层地下水资源日益衰减,严重地区将面临枯竭。南通地区的第Ⅲ承压水水位降落漏斗面积达4500km²,第Ⅳ承压水水位降落漏斗面积近3000km²,其中超采区面积达2500km²。

地表水污染、区域地下水位下降及资源衰减、咸水入侵,水源水质保障程度低,影响城市供水安全。随着江苏沿海地区发展规划的实施,沿海地区经济建设将持续高速发展,地表水质量有可能向不断恶化的趋势发展,地表水水源的安全越来越难以让人放心,深层水的开采力度必将加大,作为沿海地区可持续发展的地下淡水资源的保障研究已迫在眉睫。

五、工程地质问题

洋口港地区建筑物持力层以下全新世海积、冲海积成因的含有机质的松软土层,具有高含水量、高空隙度和高压缩性特征,承载力及透水性低。这不利于建筑物工程施工,也易使竣工工程在静荷载、动荷载的长期作用下产生软土变形,引起地基不均匀沉降,乃至地基失稳,致使工程设施经常返修或不能运行,甚至遭受毁坏等危害。

第二章 水文地质

第一节 水文地质条件

一、水文地质分区

江苏沿海平原地处淮河下游,在漫长的地质历史时期过程中,由淮河、黄河、长江和沂沭河所夹带的大量泥沙堆积形成了广袤的冲积平原、海积平原。各平原区间在不同时期中具有不同的展布空间,总体上形成了相互独立自成体系的地层沉积结构、含水层系统及地下水流场,从区域上可分成3个水文地质区,即长江中下游水文地质区、淮河下游水文地质区和沂沭河下游水文地质区,并可分成7个水文地质亚区(图2-1)。江苏洋口港地区属于长江中下游水文地质区。

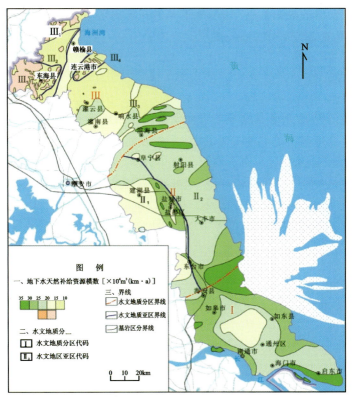

图 2-1 江苏沿海地区水文地质分区图

Ⅰ.长江中下游水文地质区;Ⅱ.淮河下游水文地质区;Ⅱ₁.里下河低洼平原水文地质亚区;Ⅱ₂.射阳、大丰滨海平原水文地质亚区;Ⅲ.沂沭河下游水文地质区;Ⅲ₁.东赣丘岗水文地质亚区;Ⅲ₂.丘岗台地水文地质亚区;Ⅲ₃.东部滨海平原水文地质亚区;Ⅲ₄.云台山孤山丘陵水文地质亚区

长江中下游水文地质区分布于长江北侧、海安—弶港一线以南平原区,为长江河口三角洲平原沉积区。据第四系的沉积结构及地下水的赋存条件,区内松散岩类孔隙地下水可划分为4个含水层组(表2-1)。

表2-1 长江三角洲地区含水层水文地质特征一览表

含水层代号	地层时代	顶板埋深(m)	底板埋深(m)	厚度(m)	水文地质特征			水位埋深(m)
					岩性	涌水量(m^3/d)	水化学类型	
潜水	Qh		15~35	15~35	亚黏土、亚砂土及粉砂	10~1000	HCO_3-Ca·Na Cl·HCO_3-Na·Ca	1~2.5
第Ⅰ承压水	Qp_3	15~35	15~70	25~75	粉细砂、中细砂	1000~3000	HCO_3-Ca(Cl-Na)	6~15
第Ⅱ承压水	Qp_2	100~150	120~200	30~70	粉细砂、含砾中粗砂	1000~3000	HCO_3·Cl-Ca·Na	25~48
第Ⅲ承压水	Qp_1	150~250	180~320	50~100	中细砂、含砾中粗砂	1000~2000	HCO_3-Ca·Na	15~45

1. 潜水含水层组

潜水含水层组由全新世冲海积相堆积的亚黏土、亚砂土、粉砂所组成,近地表分布发育,厚15~35m。在海门—启东沿江一带的大部地区,含水层主要由亚砂土、粉砂组成,富水性较好,单井涌水量10~1000m^3/d。其他地区则以黏性土为主,单井涌水量在10~50m^3/d之间。水位埋深1~2.5m,水质以海安—如皋—南通一线为界,以东地区为Cl·HCO_3-Na·Ca型,矿化度大于1g/L的微咸至半咸水,以西地区主要为HCO_3-Ca·Na型淡水。该层地下水的开发利用主要集中于南通—海安以西的大片农村地区,由村民作为饮用水或洗涤用水开采使用。

2. 第Ⅰ承压含水层组

第Ⅰ承压含水层组由更新世晚期的一套河口冲海相堆积的粉细砂、中粗砂所组成,砂层顶板埋深15~35m,厚25~75m。含水层透水性和富水性良好,单井涌水量1000~2000m^3/d。在泰兴地区,与上部的潜水含水砂层之间缺失了隔水层,富水性更佳,单井涌水量可达3000m^3/d以上。水质变化较为复杂,大部地区为HCO_3-Ca(Cl-Na)型微咸水至半咸水,在南通沿海带,水质为Cl-Na型咸水。水位在咸水或半咸水分布区,因没有开采利用,其埋深还处在自然状态,一般在3~4m之间。在南通市区,该层地下水的开采利用程度较高,已形成了紧围城市区的水位降落漏斗,水位埋深6~15m。

3. 第Ⅱ承压含水层组

第Ⅱ承压含水层组由更新世中期河流相沉积的1~2层粉细砂、中粗砂、含砾中粗砂所组成,顶板埋深100~150m,厚30~70m,砂层的透水性和富水性良好,单井涌水量1000~3000m^3/d。在泰兴地区,与上覆含水层之间基本上缺失了隔水黏性土层,组成了河口段巨厚砂层分布区,富水性更佳,单井涌水量可达3000m^3/d以上。水质以海安—夏堡一线为界,以西地区为HCO_3·Cl-Ca·Na(Mg)型淡水,局部见有微咸水分布,以东地区则为HCO_3·Cl-Ca·Na、Cl-Na型微咸水、半咸水至咸水。水位埋深在东部的微咸水分布区仅3~5m,西部地区由于开采强度的差异,水位变化也较大,在主要城市区,水位埋深达25~48m,而其他地区水位埋深一般在10m左右。

4. 第Ⅲ承压含水层组

第Ⅲ承压含水层组由更新世早期河流相沉积的1~2层粉细砂、含砾中粗砂所组成，顶板埋深150~250m(图2-2)，厚50~100m，透水性、富水性良好，单井涌水量1000~2000m³/d，局部大于3000m³/d，富水性由西向东不断变好，水质均为HCO₃-Ca·Na型淡水。水位埋深在南通以西地区为10~20m，以东地区，因集中开采该层地下水，近年来水位有不断下降的趋势，水位埋深在15~45m之间，特别是沿海地带，如启东、海门、通州、如东，几乎所有的深井均开采利用此层地下水，在较大的区域内水位埋深普遍大于30m(图2-3)，并已出现了地面沉降及水质咸化的趋势。

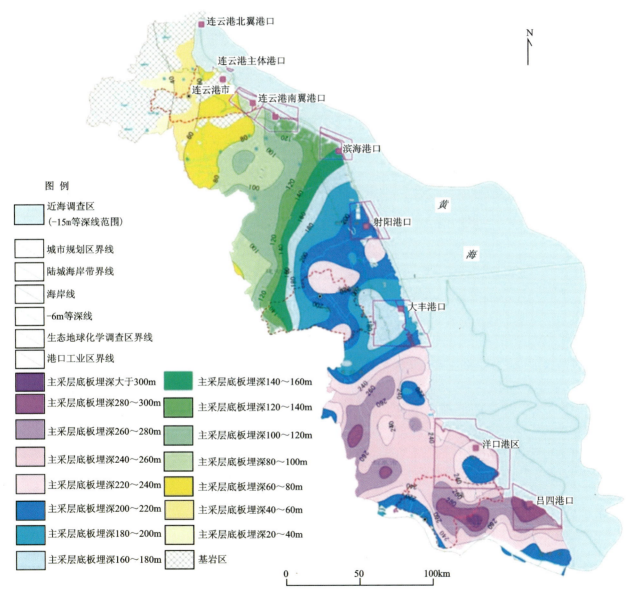

图2-2 江苏沿海地区主采层(第Ⅲ承压水)底板埋深等值线图

此外，在本区域内的第四纪松散层之下，普遍发育有新近系沉积，其厚度可从数百米至千余米，在其地层中发育有6~9个层次的砂层，因地层胶结差，砂层中也蕴藏有较为丰富的地下水资源。目前在海岸及南通沿海地区，已有少量的深井开采利用此层地下水。该含水层中的地下水具有水质优良、水温不

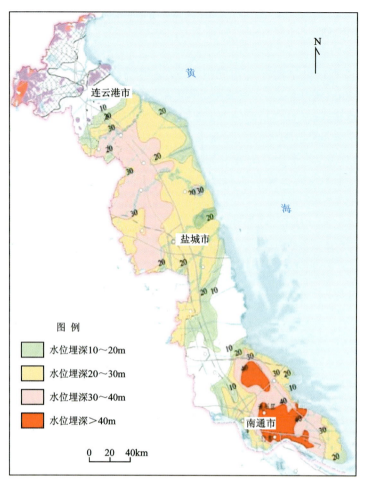

图 2-3　江苏沿海地区主采层(第Ⅲ承压水)水位埋深等值线图

断增高的特点,除开采作为饮用水外,还可利用水温作为特种水产养殖业用水水源,其水温在埋深 1000 m 左右的范围内达 35～50 ℃。

洋口港区内地下水类型主要为第四系松散岩类孔隙水,包括孔隙潜水、第Ⅰ承压水、第Ⅱ承压水、第Ⅲ承压水、第Ⅳ承压水。

孔隙潜水全区均有分布,涌水量 10～100 m³/d,水温一般为 15～20 ℃,随季节而变化。水质差,大部分为咸水。

第Ⅰ承压水含水极丰富,单井出水量一般为 2000～3000 m³/d,水温一般为 17～20 ℃,局部为矿化度 3 g/L 左右的半咸水,大部分为咸水,矿化度为 5～10 g/L。

第Ⅱ承压水顶板埋深为 120～130 m,岩性以细砂、中细砂为主,单井涌水量 1000～2000 m³/d,为半咸水—咸水。

第Ⅲ承压水水层顶板埋深一般为 180～200 m,水量丰富,单井涌水量 1000～3000 m³/d,除局部地段为微咸水外,大部分地区皆为淡水。

第Ⅳ承压水埋深在 250～350 m 不等,单井涌水量大于 1000 m³/d,矿化度为 0.74～1.50 g/L,均属淡水或微咸水。

以开采模数表示全区地下水年开采资源,第Ⅰ承压水每年每平方千米开采量为 $(8～10)×10^4$ m³,第Ⅱ承压水每年每平方千米开采量为 $(4～6)×10^4$ m³,第Ⅲ承压水每年每平方千米开采量为 $(1.5～2.5)×10^4$ m³,第Ⅳ承压水每年每平方千米开采量为 $1×10^4$ m³。

全区可规划开采量为 8.394 m³/d。

二、富水性分区

松散岩类孔隙含水岩组为洋口港地区主要含水岩组,其含水系统分为浅层含水系统(潜水含水层)、中层含水系统(第Ⅰ承压含水层、第Ⅱ承压含水层)、深层含水系统(第Ⅲ承压含水层、第Ⅳ承压含水层)。潜水含水层与第Ⅲ承压含水层是当前洋口港地区开发利用的主要层位,本次研究的是根据区域水文地质特征和水文地质参数,分别对潜水含水层与第Ⅲ承压含水层进行富水性分区(表2-2)。

1. 潜水含水层富水性

浅层孔隙含水层组是浅层地下水赋存与分布的场所,地下水具无承压-半承压性质,与大气降水、地表水关系密切。含水层组由第四系全新统和上更新统组成。洋口港地区第Ⅰ承压含水层基本上都为矿化度大于$1g/L$的微咸水、半咸水和咸水,开采量极少。因此本书重点评价潜水含水层组的富水性,潜水含水层厚度一般为$5\sim30m$。底板隔水性不佳,由亚黏土、淤泥质亚黏土、亚黏土与粉砂或亚砂土互层组成,部分地段与下部第Ⅰ承压水连成一体而具有微承压性。

洋口港地区内潜水含水层富水性按单井涌水量可划分为两个不同富水区。

1)水量丰富区(单井涌水量$300\sim1000m^3/d$)

水量丰富区主要分布在如东幅洋口港地区通州区骑岸镇、十总镇和如东县曹埠镇南部、掘港镇南部、大豫镇北部、长沙镇—掘港镇一带,含水层岩性以亚砂土、粉砂、含淤泥质粉砂为主,一般底板埋深$40\sim70m$,厚$30\sim40m$;单井涌水量$300\sim1000m^3/d$;水位深一般为$1\sim3m$,局部$4\sim6m$;水化学类型以HCO_3-$Na\cdot Mg\cdot Ca$型为主,其次为$HCO_3\cdot Cl$-$Na\cdot Mg\cdot Ca$型。矿化度一般为$1\sim2g/L$,局部可达$10g/L$。

2)水量中等富水区(单井涌水量$100\sim300m^3/d$)

水量中等富水区主要分布在洋口港地区北部的如东县马塘镇、曹埠镇北部、掘港镇、大豫镇南部和通州区三余镇、滨海园区一带。含水层岩性以细砂、粉砂为主,一般底板埋深$60\sim70m$,厚$30\sim40m$,水位埋深$1\sim3m$,局部$4\sim5m$。单井涌水量一般为$100\sim300m^3/d$。水化学类型以HCO_3-$Na\cdot Ca\cdot Mg$型为主,其次为$HCO_3\cdot Cl$-$Na\cdot Mg\cdot Ca$型。矿化度一般为$1\sim2g/L$。

2. 第Ⅲ承压含水层富水性

深层孔隙含水层组是深层地下水赋存与分布的场所。地下水具有明显的承压性质,局部水头高出地表,与大气降水和地表水无直接关系。下部承压含水岩组由第Ⅱ、Ⅲ、Ⅳ、Ⅴ承压含水层组成,时代为早、中更新世或新近纪。第Ⅲ承压含水层组是洋口港地区的主要开采层,也是本书重点评价的含水层组。

第Ⅲ承压含水层岩性主要为含砾中粗砂、粗砂、中细砂、细砂等,为河湖相、河流相沉积物。在洋口港地区含水层顶板埋深一般大于$200m$,含水层厚度普遍为$40\sim60m$。根据主要含水层的厚度、结构、分选性,按单井涌水量将深层孔隙含水层组划分为2个不同等级的富水区。

1)水量丰富区(单井涌水量$2000\sim5000m^3/d$)

水量丰富区主要分布在洋口港地区通州区骑岸镇、十总镇和如东县曹埠镇南部、掘港镇南部一带,含水层岩性以中粗砂、粗砂、中细砂、细砂为主,底板埋深大于$250m$,含水层厚度$40\sim60m$,单井涌水量$2000\sim5000m^3/d$,水位埋深一般为$10\sim30m$,水化学类型以HCO_3-Na型为主,其次为$HCO_3\cdot Cl$-Na型和$HCO_3\cdot Cl$-$Na\cdot Ca\cdot Mg$型。据1980年水文地质调查,在洋口港地区骑岸镇铁离子含量超过$0.3mg/L$,具有锈味,抽水后变黄。

表 2-2 洋口港地区钻孔水文地质参数统计表

序号	孔深(m)	坐标X	坐标Y	类别	所在图幅	抽水试验参数					
						水位埋深(m)	降低值(m)	涌水量(L/s)	单位涌水量(L/s·m)	钻孔半径(m)	影响半径(m)
1	280.62	121°02′11″	32°19′17″	第Ⅲ承压含水层	如东县幅	2.130	9.550 15.520 19.450	5.885 8.531 9.904	0.616 0.550 0.509	0.055	291.750
2	49.96	121°08′51″	32°16′36″	潜水层	如东县幅	1.180	3.500	0.372	0.106	0.065	25
3	30.24	121°10′29″	32°11′58″	潜水层	如东县幅	1.800	2.950	0.603	0.204	0.065	30
4	290	121°10′43″	32°18′05″	第Ⅲ承压含水层	如东县幅	6.970	32.410	26	0.800	0.300	555.830
5	261.71	121°02′54″	32°11′48″	第Ⅲ承压含水层	如东县幅	1.230	2.090 4.030 6.960	3.719 6.143 8.531	1.779 1.524 1.226	0.065	110.460
6	288.19	120°48′54″	32°21′10″	第Ⅲ承压含水层	双甸镇幅	1.175	7.730 11.180 14.250	6.416 8.531 9.726	0.830 0.763 0.682	0.055	175.130
7	353.56	121°21′15″	32°22′33″	第Ⅲ承压含水层	丰利镇幅	0.420	6.220 7.690 10.080	4.227 5.275 6.686	0.680 0.590 0.663	0.055	201.600
8	280	120°59′15″	32°31′05″	第Ⅲ承压含水层	栟茶镇幅	1	31	47.200	1.520	0.300	472.130
9	49.34	121°21′56″	32°11′23″	潜水层	兵房镇幅	1.110	3	0.284	0.095	0.065	25
10	276.49	121°02′58″	32°29′47″	第Ⅲ承压含水层	丰利镇幅	−0.220	12.305 17.015 23.755	3.332 4.348 6.279	0.271 0.255 0.264	0.055	251.350
11	264.95	121°16′40″	32°11′03″	第Ⅲ承压含水层	兵房镇幅	0.690	3.560 7.120 10.850	4.459 7.130 9.202	1.253 1.001 0.848	0.055	191.070

2)水量中等富水区(单井涌水量 1000~2000m³/d)

水量中等富水区主要分布在洋口港地区北部如东县马塘镇、曹埠镇北部、掘港镇一带以及洋口港地区东南角一带。含水层岩性以中粗砂—细砂为主,底板埋深在 200~250m 之间,含水层厚度 40~60m;单井涌水量 1000~2000m³/d,水位埋深一般为 10~30m。由于过量开采,在马塘等地水位埋深已超过 40m。水化学类型以 HCO_3-Ca·Na 型为主,其次为 HCO_3·Cl-Na 型和 Cl-HCO_3·Na·Ca 型。马塘和大豫达到Ⅲ类水标准,其余达到Ⅱ类水标准。

第二节 含水层组的划分与分布

一、含水层组划分

洋口港地区是长江三角洲平原的一部分,地形平坦。地表为第四纪松散沉积物覆盖,洋口港地区第四系埋深一般在 300m 左右,第四系严格控制着孔隙水含水层水文地质条件。第四纪沉积物成因以浅海三角洲相、河湖相为主,并夹有浅海相沉积物,岩性以多孔隙的砂性土为主,结构松散,导水性好,厚度大,是形成地下水的介质条件。洋口港地区气候温润多雨,年降水量约 1000mm,加之地面坡降极小,地面岩性多为亚砂土,有利于降水渗入转为地下水。洋口港地区内地表水系发育,河渠密度大,每年引河水灌溉农田,有利于地表水补给地下水。本区地处沿海,在第四纪时期经历数次海侵,海水渗入是形成咸水层的主要因素。综上所述,洋口港地区地下水赋存在松散岩层之中,来源于大气降水、地表水体渗入以及海水入侵。在地下水形成的整个历史时期,它经历了形成—海水入侵咸化—冲淡等不同阶段。由于各地段具体地质、地貌、人类活动等条件差异,以上发育过程亦不尽相同,因而形成了目前错综复杂的水文地质条件。

洋口港地区为长江三角洲地层区,含水岩组厚度大,层次多,水质变化复杂。根据地下水赋存介质,松散岩类孔隙含水岩组为洋口港地区主要含水岩组。根据含水砂层的成因时代、埋藏分布、水力联系及水化学特征等,将本区松散岩类孔隙地下水划分为孔隙潜水含水层组和孔隙承压含水层组两类。第Ⅰ、Ⅱ、Ⅲ承压含水层地层分别对应上更新统、中更新统、下更新统。由于新近系(N)存在两个下粗上细的沉积旋回,故以此将其一分为二,成为两个松散岩类孔隙含水岩层组,所以根据地层的时代将孔隙承压含水层组进一步细分,由上到下分别为Ⅰ、Ⅱ、Ⅲ、Ⅳ、Ⅴ 5 个承压含水层组。各含水层的形成时代分别对应 Qh(潜水含水层)、Qp_3(第Ⅰ承压含水层)、Qp_2(第Ⅱ承压含水层)、Qp_1(第Ⅲ承压含水层)及 N(第Ⅳ、Ⅴ承压含水层)。因潜水及第Ⅰ承压含水层水质较差,多为咸水或半咸水,利用价值不大,目前开采利用较少。第Ⅴ承压含水层开发利用较晚且勘查研究程度较低(表 2-1)。

考虑到洋口港地区的潜水含水层和第Ⅰ承压含水层易于受到补给,地下水径流速度较深部的第Ⅱ、Ⅲ、Ⅳ承压含水层快,更新能力较强,因此从地下水系统分析的角度来看,将潜水含水层和第Ⅰ承压含水层归入浅层孔隙水含水系统,而将第Ⅱ、Ⅲ、Ⅳ承压含水层归入深层孔隙水含水系统。

上部含水岩组主要由潜水含水层及第Ⅰ承压含水层构成,深度在 40~100m 以浅,时代一般为全新世—晚更新世;下部承压含水岩组由第Ⅱ、Ⅲ、Ⅳ、Ⅴ承压含水层组成,时代为早、中更新世或新近纪。

松散岩类地下水水位埋深受自然条件及人为开采活动的控制,上部含水岩组中的潜水位明显受降水和地形影响。下部承压水含水岩组原始水位埋深 1~3m,局部地区自流。目前,由于多年持续超采,区域水位埋深普遍低于 10m,城市及县城开采中心静水位埋深在 40~50m 之间。

平原区由于松散岩类孔隙水发育,人类开发利用强度较高,衍生出的环境地质问题复杂且严重。较为明显的是因过量开采下部承压含水岩组地下水,造成地下水资源衰减、地面沉降、地裂缝灾害日趋严重,水质也日趋恶化。

表 2-1 如东沿海地区地下水类型和含水岩(层)组划分表

地下水类型		含水岩层组		主要岩性	时代代号	分布范围
按含水介质类型	按埋藏条件和水力特征					
松散岩类孔隙水	浅层孔隙水	潜水	浅层孔隙水含水系统	潜水孔隙含水层组	亚黏土、亚砂土、粉砂、粉细砂等	Qh	除基岩裸露区外均有
		第Ⅰ承压水		第Ⅰ承压孔隙含水层组	亚砂土、粉砂、细砂、粉细砂、中细砂、中粗砂、砾石粗砂等	Qp_3	平原区
	深层孔隙水	第Ⅱ承压水	深层孔隙水含水系统	第Ⅱ承压孔隙含水层组	粉砂、粉细砂、中细砂、中粗砂、砾石粗砂	Qp_2	平原区
		第Ⅲ承压水		第Ⅲ承压孔隙含水层组	粉细砂、中细砂、中粗砂、砾石粗砂等	Qp_1	平原区
		第Ⅳ承压水		第Ⅳ承压孔隙含水层组	细砂、中粗砂、砾石粗砂及半固结砂等	N_2	平原区
		第Ⅴ承压水		第Ⅴ承压孔隙含水层组	细砂、中粗砂、砾石粗砂	N_1	平原区

根据兵房中学钻孔(ZK01)揭露的地层及岩性特征如下。

(1) 0～4.00m 人工填土:浅灰色亚黏土,稍湿,结构松散,含少量植物根系。

(2) 4.00～29.50m 粉细砂:青灰色,砂状结构,稍湿,中密,见水平层理,局部夹黏土。

(3) 29.50～71.60m 细砂:青灰色,砂状结构,稍湿,中密,见水平层理,局部夹黏土,局部见贝壳碎片。

(4) 71.60～96.10m 黏土:深灰色,泥质结构,硬塑,切面有光泽,局部夹粉砂。

(5) 96.10～110.60m 中粗砂:灰黄色,砂状结构,稍湿,松散,局部含砾石。

(6) 110.60～124.08m 黏土:灰色,泥质结构,硬塑,切面稍有光泽,局部见黄色铁染斑块。

(7) 124.08～128.47m 粉细砂:深灰色,砂状结构,稍湿,中密,见水平层理,局部见半成岩团块。

(8) 128.47～159.21m 黏土:灰色,泥质结构,硬塑,切面有光泽,局部夹粉砂,局部见黄色铁染斑块。

(9) 159.21～183.10m 粉细砂:深灰色,砂状结构,稍湿,中密,见水平层理,局部夹黏土。

(10) 183.10～195.38m 黏土:灰绿色,泥质结构,硬塑,切面稍有光泽,局部夹粉砂、砾石。

(11) 195.38～214.90m 中细砂:灰黄色,砂状结构,稍湿,松散,局部夹砾石。

(12) 214.90～240.85m 黏土:棕黄色,泥质结构,硬塑,切面稍有光泽,局部见灰白色半固结团块。

(13) 240.85～273.66m 中细砂:深灰色,砂状结构,潮湿,松散,静置有水溢出。

(14) 273.66～290.00m 黏土:棕黄色,泥质结构,硬塑,切面有光泽,局部见灰绿色钙质结核。

根据ZK01钻孔所揭示的地层岩性,地表下290m以内共发育3层承压含水层,埋藏深度分别为96.10～110.60m、159.21～214.90m、240.85～273.66m,厚度分别为14.50m、55.69m、32.81m,累计厚度103.00m。含水层均以中细砂为主,粒度细小,含水性良好。

长沙镇钻孔(ZK02)揭露的地层及岩性特征如下。

(1) 0～3.00m 人工填土:灰黄色亚黏土,稍湿,结构松散,含少量植物根系。

(2) 3.00～38.10m 粉细砂:深灰色,砂状结构,潮湿,中密,局部夹黏土。

(3) 38.10～48.00m 粉质黏土:深灰色,黏土含量较高,切面稍有光泽。

(4) 48.00～98.00m 中细砂:深灰色,砂状结构,松散,潮湿,局部见少量贝壳碎屑,局部夹砾石。

(5) 98.00～108.00m　　　中粗砂:灰黄色,砂状结构,稍湿,松散,局部含砾石。
(6) 108.00～123.00m　　　黏土:灰色,泥质结构,硬塑,切面稍有光泽,局部夹细砂。
(7) 123.00～156.00m　　　中细砂:青灰色,砂状结构,稍湿,松散,局部夹砾石及钙质结核。
(8) 156.00～183.00m　　　黏土:青灰色,泥质结构,硬塑,切面有光泽,局部夹粉砂,其中171.40～173.30m为贝壳层。
(9) 183.00～208.40m　　　粉细砂:青灰色,砂状结构,稍湿,中密,见水平层理。
(10) 208.40～224.60m　　中粗砂:黄灰色—青灰色,砂状结构,松散,局部夹粉砂、砾石。
(11) 224.60～250.00m　　黏土:青灰色—棕黄色,泥质结构,可塑,局部含大量青灰色钙质结核。
(12) 250.00～255.00m　　中细砂:青灰色,砂状结构,稍湿,中密。
(13) 255.00～267.00m　　粉质黏土:灰绿色—灰黄色,黏土含量较高,剖面无光泽,含钙质结核。
(14) 267.00～276.00m　　中细砂:灰绿色,砂状结构,潮湿,中密。
(15) 276.00～286.60m　　黏土:黄灰色—灰绿色,泥质结构,硬塑,剖面无光泽。
(16) 286.60～302.40m　　中细砂:青灰色,砂状结构,稍湿,松散。
(17) 302.40～310.00m　　黏土:棕黄色,泥质结构,硬塑,见灰白色钙质结核。

根据ZK02钻孔所揭示的地层岩性,地表下310m以内共发育3层承压含水层,埋藏深度分别为123.00～156.00m、183.00～224.60m、286.60～302.40m,厚度分别为33.00m、41.60m、15.80m,累计厚度90.40m。含水层均以中细砂、中粗砂为主,粒度细小,含水性良好。

二、含水层组空间分布

洋口港地区为松散岩类孔隙含水岩组,松散层厚度600～1700m。第四系埋深一般在300m左右,发育厚度较大且稳定,层次多,水量丰富,含水层组结构及水文地质特征具水平分带与垂直分带规律,是目前洋口港地区开采的主要地下水源。

1. 潜水含水层组

该含水层组地层属于第四系全新统(Qh),主要为河口相、河湖相沉积物。含水层岩性主要为灰色、灰黄色亚砂土、粉砂、含淤泥质粉砂及粉细砂等,该层粒度总体在垂直方向上表现出上中段细、下段粗的规律,水平方向上呈现出西粗东细的特点。洋口港地区潜水含水层厚度一般为5～30m。底板隔水性不佳,由亚黏土、淤泥质亚黏土、亚黏土与粉砂或亚砂土互层组成,部分地段与下部第Ⅰ承压水连成一体而具有微承压性。

潜水水位埋深一般为1～3m,最大可达4m,局部地段小于1m,水位变化受降水影响明显,年变化幅度可达2m。单井涌水量一般为100～300m³/d。潜水水质不仅受到沉积环境的影响,还受到地表水体、大气降水淡化的制约,总体上呈自西向东变咸的趋势,在垂向上也具有上淡下咸的分带规律。矿化度一般为1～2g/L,向东逐渐增大。水化学类型主要为HCO_3-Ca型、$HCO_3·Cl$-Na·Ca型。

2. 第Ⅰ承压含水层组

该含水层组地层属于第四系上更新统(Qp_3),主要为河口相、河湖相沉积物。含水层组顶板为灰黄色—灰绿色亚黏土,局部地区缺失,为亚黏土与粉砂互层,与上层潜水连通。岩性主要为灰黄色、灰白色粉细砂、粉砂以及亚砂土等,含水层岩性颗粒总体上呈南粗北细的趋势。洋口港地区该含水层组顶板埋深多在50m以浅,砂层厚度总体上呈南厚北薄的态势。

第Ⅰ承压水水位埋深一般为1～5m,区域上单井涌水量一般为100～3000m³/d。第Ⅰ承压水水质由于受到晚更新世两次海侵的影响,矿化度自西向东而由低变高,由淡水变为微咸水、半咸水以至咸水。洋口港地区基本上都为矿化度大于1g/L的微咸水、半咸水和咸水。水化学类型主要为Cl-Ca·Na型、Cl·HCO$_3$-Ca·Na型。

3. 第Ⅱ承压含水层组

该含水层组地层属于第四系中更新统(Qp_2),主要为河口相、河湖相沉积物。含水层组岩性以灰黄色、灰白色粉细砂、中细砂、粗中砂等为主,局部地区以亚砂土为主,总体呈现南粗北细的态势。

第Ⅱ承压含水层组顶板埋深多位于100～150m。砂层厚度一般为40～60m。第Ⅱ承压含水层组富水性明显好于第Ⅰ承压含水层组,单井涌水量多在1000～2000m³/d之间。第Ⅱ承压水化学类型多为HCO$_3$·Cl-Ca·Na型水。矿化度介于1.0～2.0g/L之间,大部分为咸水。

4. 第Ⅲ承压含水层组

该含水层组地层属于第四系下更新统(Qp_1),主要为河湖相、河流相沉积物。含水层岩性主要为灰色、灰黄色含砾中粗砂、粗砂、中细砂、细砂等。含水层顶板埋深在洋口港地区一般大于200m,含水层厚度普遍在40～60m之间。区内顶板、底板隔水层岩性为灰黄色、灰绿色的亚黏土、黏土,含少量铁锰质及钙质结核。顶底板分布较为稳定,隔水性良好,水质较好,是洋口港地区的主要开采层。

第Ⅲ承压水水位已大幅度下降,埋深一般为10～30m,在洋口港地区由于过量开采,在马塘等地水位埋深已超过40m。单井涌水量一般为1000～3000m³/d,局部地区在100～1000m³/d之间。该层水在南通地区与第Ⅰ、Ⅱ承压含水层完全不同,以矿化度小于1g/L的淡水为主。第Ⅲ承压地下水水化学类型为HCO$_3$-Na型,其次为HCO$_3$·Cl-Na型和HCO$_3$·Cl-Na·Ca型,pH值为8.37～8.86,矿化度为558～1002mg/L,总硬度为75.2～217mg/L。马塘和大豫为Ⅲ类水,其余达到Ⅱ类水标准,局部Fe、As、Ba等离子超标是由于海侵古咸水、地层沉积残留、海水入侵、成井质量问题和海洋生物沉积等引起。

5. 第Ⅳ承压含水层组

该含水层组地层属于新近系上新统(N_2),主要为河湖相沉积物。第Ⅳ承压含水层具有厚度大、埋藏深的特点,目前开采井大多未揭露底板,所开采的含水层主要为上新世沉积,其底板埋深多在400m以浅。含水岩组岩性颗粒较粗,古河床流经区以粗砂、中砂为主,边漫滩区多为细砂、粉细砂。含水层厚度在20～60m之间,且具有从南到北由薄—厚—薄的变化趋势。顶板埋深一般为200～300m。

第Ⅳ承压水水位埋深一般为10～30m。该含水层的富水性较好,单井涌水量一般大于1000m³/d。水化学类型主要为HCO$_3$·Cl-Na型或HCO$_3$·Cl-Na·Ca型。

6. 第Ⅴ承压含水层组

该含水层组地层属于新近系中新统(N_1),主要为河湖相沉积物。岩性以厚层亚黏土、黏土夹细砂、中砂、中粗砂为主。第Ⅴ承压含水层埋藏较深,顶板埋深一般大于450m,含水层厚度在20～60m之间,富水性较好。

三、含水岩组抽水试验

结合区内以往工作程度特别是钻孔的分布情况、遥感调查和中国地质调查局南京地质调查中心同期开展的1∶5万江苏洋口农场、丰利镇、长沙镇、如东县和兵房镇幅区域地质调查工作,为查明洋口港地区陆域水文地质条件、地下水富集特征、地下水资源及其开发利用现状、地下水化学特征、地下水污染及环境地质问题等,为洋口港地区经济社会发展、地下水合理开发提供依据。2013年在兵房镇幅洋口港地区布置水文地质钻孔(ZK01)1个共300m,水文物探综合测井300m,并进行抽水试验;在长沙镇幅洋口港地区布置水文地质钻孔(ZK02)1个共300m,水文物探综合测井300m,并进行抽水试验。

ZK01工程位于南通市如东县大豫镇兵房初级中学院内,东经112°17′29″,北纬32°15′43″。大豫镇兵房初级中学位于江苏省如东县东南部,该镇濒临南黄海,镇内交通发达,地面海拔4m,距市区10km。

水文地质钻探由地球化学勘查与海洋地质调查研究院承担,根据双方签订的工程合同及成井技术要求进行钻探工作:水井钻进深度300m;全孔取芯钻进,一般黏性土平均采取率应大于75%,单层不少于65%;砂性土、疏松砂砾岩平均采取率应大于45%,单层不少于35%;无岩芯间隔,一般不超过3m;钻孔终孔孔径350mm;孔斜每100m不得超过2°,可以递增计算;松散层滤料用3~5mm天然石英砂。

ZK01井静水位埋深19.80m,动水位埋深35.38m,平均出水量51.4m³/h,日出水量1234m³。地下水水化学类型为HCO_3-Na·Ca型,水质较好(Ⅲ类)。利用非稳定流常流量抽水试验资料求渗透系数$K=10.22m/d$。ZK02井静水位埋深17.95m,动水位埋深51.26m,平均出水量45.5m³/h,日出水量1092m³。第Ⅲ承压水水化学类型主要为Cl-Na·Ca型,水质极差(Ⅴ类),主要影响因子为Cl^-、F^-、Fe、Mn、NH_4^+、TDS、总硬度。利用非稳定流常流量抽水试验资料求渗透系数$K=6.54m/d$。

四、应急水源地

应急供水水源地是为应急供水而预备的水源地。按照应急状态可分为突发性应急供水和一般应急供水。所谓突发性应急供水主要是指如恐怖袭击、自然灾害(特枯年、连续干旱、地质灾害等)、水污染等非常规事件导致的供水紧张情况下的供水。一般应急供水主要是指由于城市供水水源单一、供水系统稳定性差或城市水质较差、对外调水依赖程度高、工程供水困难等原因而导致供水紧张状态下的供水。

根据城市应急备用水源与城市主(常规)水源地性质、类型的差别,应急备用地下水水源地选择可能出现多种情况,主要有以下基本要求:

(1)城市主水源为地下水,新辟的应急备用水源仍为地下水,这两种水源地不得在一个地下水的水文地质单元内。

(2)地下水源要具有较强的地下水调节能力,在一定时期内,允许按一定的地质环境约束条件动用地下水储存量。

(3)地下水源要具有较强的恢复能力。应急供水后,在一定的时间内,通过天然和人工补给,恢复地下水位。

(4)为防范在干旱期间城市主水源供水量不足而建立的城市应急备用水源地,应具有一定的可供水量,安全可供水量要能保障一定应急时间(天数)城市供水量。

(5)为防范遇到突发水污染事故情况而建立的城市应急备用水源地,安全可供水量要能保障一定应急时间(天数)城市供水量。

地下水具有不同于地表水的特点,例如多年水量丰枯调节能力、上覆松散地层天然渗滤保护作用,使地下水在水质和水量方面,具有更好的稳定性和优越性。国外发达国家的普遍做法就是利用地下水的优势,建立地下水应急备用水源地。在本次水文地质勘查的基础上,分析结合洋口港地区现状供水水源情况和水资源未来配置相关规划,选择和确定了一批可作为洋口港地区应急备用水源的地下水水源地。其中,在洋口港地区根据地下水勘查和抽水试验结果,确定以深层承压水为主的地下水源层。应急水源地深井位置、井深、许可取水量参数见表2-2。应急水源地深井总体水质良好,地下水化学类型以 HCO_3-Na 为主,其次为 Cl·HCO_3-Na 型、HCO_3·Cl-Na 型。

表2-2 洋口港地区应急水源地深井参数表

序号	深井位置	pH	温度(℃)	井深(m)	含水层	许可取水量($\times 10^4 m^3$)	TDS(mg/L)
1	如东县大豫镇	7.93	19.0	290	第Ⅲ承压水	10	723.33
2	南通市三余镇	7.37	24.5	260~270	第Ⅲ承压水	10	462
3	如东县大豫镇	7.67	23.8	280	第Ⅲ承压水	5	464
4	如东县大豫镇	7.91	25.1	300	第Ⅲ承压水	10	534
5	如东县大豫镇	7.70	23.8	385	第Ⅳ承压水	10	542
6	如东县大豫镇	7.71	24.8	400	第Ⅳ承压水	5	2262
7	如东县长沙镇	7.81	22.9	390	第Ⅲ承压水	5	942
8	如东县长沙镇	8.06	20.3	300	第Ⅲ承压水	8	852
9	如东县曹埠镇	7.92	23.0	283	第Ⅲ承压水	10	558
10	如东县丰利镇	7.70	22.0	550	第Ⅳ承压水	5	992
11	如东县丰利镇	8.04	19.6	450	第Ⅳ承压水	10	622
12	如东县掘港镇	7.84	23.7	400	第Ⅳ承压水	5	688
13	如东县马塘镇	7.78	24.3	280	第Ⅲ承压水	18	608

第三节 地下水补径排条件

洋口港地区地下水类型为松散岩类孔隙水,由于孔隙水埋藏条件、水力特征不相同,其补给、径流、排泄条件也不相同。

一、孔隙潜水

孔隙潜水主要接受大气降水垂直渗入补给,其次是接受地表水体侧向补给及农田灌溉回渗补给。排泄方式为就地泄入地表水体及蒸发、植物蒸腾与民井开采等。

1.补给条件

1)大气降水面状垂直渗入补给

区内地形平坦,气候温湿,雨量充沛,地下水埋藏浅,有利于降水补给。由观测资料显示,潜水主要接受大气降水补给,潜水最高峰值出现在6—9月汛期,每次降水后数小时,潜水位就跟着上升。最低值一般出现在12月至次年2月,为枯水季节。

2)地表水体侧向补给

河流、沟渠两侧,大多数地段介于高低潮位之间,两者水力联系紧密,高潮位时接受一定量的侧向补给,而低潮位时则相反,潜水泄入地表水体。

3)农田灌溉回渗补给

区内灌溉期,抽取地表水进行大面积农田灌溉,则潜水接受回渗补给。

2. 径流条件

潜水在径流过程中,不仅受地形高低制约,还受到土层结构、地表水体影响。区内由于地形平坦,沟渠纵横交错,土层结构复杂,因此潜水径流条件比较复杂。总体来说,潜水径流途径短,径流速度缓慢,潜水接受补给后就泄入附近地表水体,总体流向向东,进入黄海。

3. 排泄条件

1)泄入地表水体

潜水泄入地表水体有两种情况:一种是潜水位始终高于地表水位而排泄;另一种是地表水位在某一时段高于潜水位。为了有利于农作物生长,水利部门设置河堤、水闸,调节控制内河水位。汛期河流水位较高,则通过人为排除积水,同时也排泄潜水。总之,不管汛期还是枯水期,潜水都是向地表水体排泄,仅是排泄方式存在差异(自然排泄或人工排泄),所以地表水系是排泄潜水的主要场所。

2)蒸发与植物蒸腾

由于洋口港地区潜水埋藏浅,植被发育,因此蒸发与植物蒸腾也是潜水排泄的主要方式。

3)民井开采

洋口港地区内民井星罗棋布,因此民井开采也是潜水排泄的主要途径之一。

4)泄入第Ⅰ承压含水层

部分地区开采第Ⅰ承压含水层,地下水位下降,形成降落漏斗,且两含水层隔水性较差,潜水可以通过越流排泄到第Ⅰ承压含水层中。

二、承压水

承压水可分为两种类型:一种是浅部第Ⅰ承压水;另一种是深部第Ⅱ、Ⅲ、Ⅳ承压水。第Ⅰ承压水埋藏浅,与地表水、潜水水力联系密切,更新能力较强,在开采条件下可以得到一定程度的激化补给,而深部承压水则埋藏深,且有较厚的黏性土阻隔,不易受到外界影响。浅层孔隙水的径流方向和地形的坡向基本一致,其主要方向由西流向东。

1. 第Ⅰ承压水

在开采条件下其补给来源主要为潜水渗漏与越流补给。根据本区观测站资料,第Ⅰ承压水与地表水、潜水水位同步升降,说明三者水力联系密切,且与大气降水、蒸发等因素吻合。

第Ⅰ承压水在开采条件下径流方向有两种:一是水平径流,由四周向开采中心或漏斗中心流动;二是垂直径流,上部潜水垂直向本层渗漏,或本层向下层承压水越流。排泄途径主要是人工开采,其次是越流渗入深部含水组。

2. 第Ⅱ~Ⅳ承压水

承压水补给来源主要是砂性土弹性释放与黏性土层塑性释水形式,可能局部得到上面承压水及径流补给。

深部承压水开采主要以第Ⅲ承压水为重点。第Ⅲ承压水的运动主要由漏斗边缘向漏斗中心流动。由于第Ⅲ承压含水层向海域方向延伸,因此在开采条件下也可以获得一定量邻区含水系统的径流补给。其排泄途径主要是人工开采。

第四节 地下水质量评价

一、地下水质量评价方法

地下水水质评价的主要任务是根据国家制定的地下水质量标准,确定出不同地区地下水质量等级。因《地下水质量标准》(GB/T 14848—2017)Ⅲ类水上限值和《生活饮用水卫生标准》(GB 5749—2006)上限值相同,另外,该标准还适用其他部门水质评价,所以,本次评价选用《地下水质量标准》(GB/T 14848—2017)作为评价依据。在该标准中,每单项水质指标(或组分)根据其浓度值(或其他计量单位值)大小划分为 5 个等级,规定每单项等级的评价分值分别为 0、1、3、6、10;然后根据国际公式(内梅罗公式)或其他通行的水质评价公式计算出某一水样点地下水质量的综合评价分值,对照标准中的"地下水质量级别表"中关于各级水质的综合评价分值范围,即可确定出该水样点地下水的质量等级。按照《地下水质量标准》(GB/T 14848—2017)分类指标共划分为 5 类。

Ⅰ类:主要反映地下水化学组分的低天然背景含量,适用于各种用途。

Ⅱ类:主要反映地下水化学组分的天然背景含量,适用于各种用途。

Ⅲ类:以人体健康基准为依据,主要适用于集中式生活饮用水水源及工农业用水。

Ⅳ类:以农业和工业用水要求为依据,除适用于农业和部分工业用水外,适当处理后可作生活饮用水。

Ⅴ类:不宜饮用,其他用水可根据使用目的再进行专门评价。

其中,不同类别标准值相同时,从优不从劣,然后综合对比各项指标的评价结果,采用就高不就低原则,以各项因子评价的最高类别确定地下水的质量类别。即当有某一参数含量较高时,就按它所属的类别确定地下水的类别,最后的归类取决于各单项参数评价的最高值。

根据地下水区域分布特征和变化规律,参考水质分析结果,选取了 27 项水质评价因子,包括 pH 值、总硬度、TDS、COD_{Mn}、H_2SiO_3、NO_3^-、NO_2^-、NH_4^+、SO_4^{2-}、Cl^-、F^-、I^-、Fe、Mn、Pb、Zn、Cd、Cr^{6+}、Hg、As、Se、Al、Cu 等。

本次地下水质量等级评价采用国际推荐评价方法以及国内标准《地下水质量标准》(GB/T 14848—2017)推荐的地下水综合评价公式计算步骤如下:

(1)首先进行水质单项组分评价。根据"地下水质量分类指标"划分单项组分浓度所属质量类别(共 5 类,表 2-3),再根据公示确定出各单项组分的评价分值 F_i。

表 2-3　地下水质量评价单项组分评分值表

类别	Ⅰ	Ⅱ	Ⅲ	Ⅳ	Ⅴ
F_i	0	1	3	6	10

（2）按下列公式计算出该水样点地下水的综合评价分值 F：

$$F = \sqrt{\frac{\bar{F}^2 + F_{\max}^2}{2}}$$

$$其中，\bar{F} = \frac{1}{n}\sum_{i=1}^{n} F_i$$

式中，$\bar{F}$ 为各单项组分分值 F 的平均值；$F_{\max}$ 为单项组分评价分值 F_i 中的最大值；n 为参与水质评价因子(组分)数目。

（3）根据计算获得的 F 值，按《地下水质量标准》(GB/T 14848—2017)的规定(即不同级别的水质 F 值范围)确定出地下水质量级别。

该方法的优点是数学过程简捷，运算方便。物理概念清晰，对于一个评价区，只要计算出它的综合指数，再对照相应的分级标准，便可知道评价地区地下水质量状况，便于决策者做出综合决策。缺点在于过于突出最大污染因子，由于公式中考虑最大污染因素，使参评项目中即使只有一项指标 F_i 值偏高，而其他指标 F_i 值均较低也会使综合评分值偏高；未考虑不同污染因子对环境的毒性、降解难易程度及去除性难易程度等因素。

由于本区 Fe、Mn 等组分在地下水中含量普遍较高，考虑到洋口港地区实际状况，为避免出现大面积"较差""极差"级别水质区，根据评价组分对人体健康的危害程度，对Ⅳ、Ⅴ类地下水单项组分的评价分值作了适当修正，即把对人体健康影响相对较小的总硬度、Cl^-、SO_4^{2-}、Fe、Mn、TDS、NO_3^-、NO_2^- 等常规组分Ⅳ、Ⅴ类水的评价分值由标准中的 3、6 和 10，分别降低为 2、4 和 6，对于其他对人体健康危害较大组分的评价分值，仍沿用《地下水质量标准》(GB/T 14848—2017)规定值。

评价结果，分为可以饮用(Ⅰ、Ⅱ、Ⅲ类水)、经适当处理可饮用(Ⅳ类水)和不宜饮用(Ⅴ类水)3 个等级。

二、地下水质量评价

地下水水质评价是了解地下水质量状况和污染程度，识别地下水资源质量变化过程，分析地下水质量和地下水污染的变化趋势，为地下水防治方案制定提供必要的地下水环境质量信息的工作。

1. 潜水

洋口港地区在 2012 年、2013 年对地下潜水进行 125 次采样化验，现场检测指标为气温、水温、pH 值、电导率、氧化还原电位、溶解氧、浊度 7 项；无机检测指标为总硬度、TDS、COD_{Mn}、H_2SiO_3、NO_3^-、NO_2^-、NH_4^+、SO_4^{2-}、CO_3^{2-}、HCO_3^-、Cl^-、F^-、I^-、Na^+、K^+、Ca^{2+}、Mg^{2+}、Fe、Mn、Pb、Zn、Cd、Cr^{6+}、Hg、As、Se、Al、Cu 等。依据《地下水质量标准》(GB/T 14848—2017)和《生活饮用水卫生标准》(GB 5749—2006)对监测项目进行评价，洋口港地区潜水主要指标统计分析见表 2-4。

表 2-4　洋口港地区地下水(潜水)无机组分统计分析表

分析项目	样品数	极小值	极大值	均值	标准差
NO_2^-	125	0.00	2.27	0.12	0.27

续表 2-4

分析项目	样品数	极小值	极大值	均值	标准差
SO_4^{2-}	125	2.79	677.00	157.29	119.79
NO_3^-	125	0.10	400.00	56.87	68.20
Cl^-	125	5.90	7810.00	480.84	1062.23
F^-	125	0.10	13.60	1.68	1.71
HCO_3^-	125	191.00	1154.00	629.24	148.69
I^-	125	0.02	0.45	0.09	0.07
Ca^{2+}	125	5.80	473.00	81.96	59.23
Mg^{2+}	125	10.80	573.00	76.76	65.54
Na^+	125	16.90	4295.00	367.37	557.46
K^+	125	2.10	328.00	44.72	38.96
H_2SiO_3	125	0.42	92.60	22.77	10.11
As	125	0.37	65.50	7.18	10.80
Al	125	0.01	0.95	0.07	0.15
Cd	125	0.00	0.01	0.00	0.00
Fe	125	0.05	19.02	0.63	2.32
Mn	125	0.01	1.02	0.18	0.23
Pb	125	0.00	2.22	0.02	0.20
Zn	125	0.00	0.24	0.02	0.04
Cu	125	0.00	0.30	0.02	0.03
NH_4^+	125	0.02	2.57	0.14	0.37
COD_{Mn}	125	0.61	12.43	2.09	1.66
TDS	125	284.00	14 238.00	1534.28	1799.09
总硬度	125	59.30	3544.00	522.28	380.18

注:各分析项目极小值、极大值、均值、标准差单位除 As 为 $\mu g/L$ 外,其余均为 mg/L。

洋口港地区丰水期、枯水期潜水水位埋深空间变化比较大,大部分地区的潜水水位埋深为 1～2m,部分地区水位埋深为 3～4m。2012 年、2013 年年度调查区潜水水位埋深总体上西深东浅。在工作区西部,潜水水位埋深较大,此区域民井密布,村民多用潜水作生活洗涤用水。在工作区东部,靠近海边,潜水水位埋深较小,此区域因靠近海边,潜水矿化度较高,村民开采较少。

洋口港地区潜水地下水水化学类型主要为 HCO_3-Na 型、Cl-Na 型,分别占 25.5%、40.2%。由西到东,由 HCO_3-Na 型逐渐过渡到 $HCO_3 \cdot $Cl-Na 型、Cl$\cdot HCO_3$-Na 型、Cl-Na 型。ZK01 地下水水化学类型为 HCO_3-Na 型,ZK02 地下水水化学类型主要为 Cl-Na 型。根据调查与评价结果,大部分地区地下水(潜水)水质较差。影响洋口港地区潜水水质的主要因素是 TDS、总硬度、Cl^-、F^-、Fe、Mn、SO_4^{2-}、NH_4^+、NO_3^-、NO_2^-、Cd 等,其中 TDS、总硬度、F^-、Cl、Mn 元素是最主要影响因子。Ⅳ、Ⅴ类水分别占 85.6%、4.0%,Ⅱ、Ⅲ类水共占 10.4%,洋口港地区没有Ⅰ类水(图 2-4)。

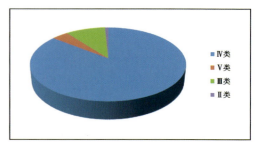

图 2-4 洋口港地区潜水水质综合评价统计图

溶解性总固体（TDS）：洋口港地区地下水中溶解性总固体以Ⅲ、Ⅳ、Ⅴ类水为主，分别占36.3%、42.1%、18.6%，Ⅰ、Ⅱ类水共占3.0%，都位于兵房镇。

总硬度：总硬度小于或等于450mg/L的Ⅰ、Ⅱ、Ⅲ类水占53.9%，广泛分布于洋口港地区内。总硬度为450～550mg/L的Ⅳ类水占21.6%。总硬度大于550mg/L的Ⅴ类水占24.5%。

氯化物（Cl^-）：洋口港地区内地下水中氯化物含量高，均值为480.84mg/L，小于或等于50mg/L（Ⅰ类水）、50～150mg/L（Ⅱ类水）、150～250mg/L（Ⅲ类水），分别占3.9%、28.4%、21.6%；超Ⅲ类水广泛分布于整个洋口港地区，占46.1%。

硫酸盐（SO_4^{2-}）：小于或等于50mg/L（Ⅰ类水）、50～150mg/L（Ⅱ类水）、150～250mg/L（Ⅲ类水）。松散岩岩孔隙水中Ⅰ、Ⅱ、Ⅲ类水共占84.30%，广泛分布于洋口港地区内。250～350mg/L（Ⅳ类水）与大于350mg/L（Ⅴ类水）共占15.7%。

硝酸盐（NO_3^-，以氮计）：洋口港地区硝酸盐地下水以Ⅴ类水为主。小于或等于2mg/L（Ⅰ类水）占7.8%，零星分布于洋口港地区内。2～5mg/L（Ⅱ类水）、5～20mg/L（Ⅲ类水）分别占5.9%、17.6%，分散分布于整个洋口港地区内。20～30mg/L（Ⅳ类水）与大于30mg/L（Ⅴ类水）分别占15.7%、53.0%。

亚硝酸盐（NO_2^-，以氮计）：小于或等于0.001mg/L（Ⅰ类水）占44.1%。0.001～0.01mg/L（Ⅱ类水）、0.01～0.02mg/L（Ⅲ类水）分别占4.9%、10.8%，零星分布于洋口港地区内。0.02～0.1mg/L（Ⅳ类水）占16.7%。大于0.1mg/L（Ⅴ类水）占23.5%。

氨氮：洋口港地区内地表水氨氮含量较低，主要以Ⅰ、Ⅱ、Ⅲ类水为主。小于或等于0.2mg/L（Ⅰ、Ⅱ、Ⅲ类水）占87.3%，广泛分布于洋口港地区。0.2～0.5mg/L（Ⅳ类水）占9.8%。Ⅴ类水占2.9%，零星分布于洋口港地区。

氟化物（F^-）：洋口港地区氟化物超标现象严重，分布呈集聚特征，主要在长沙镇分布。小于或等于1.0mg/L（Ⅰ、Ⅱ、Ⅲ类水）地表水中占31.4%。1.0～2.0mg/L（Ⅳ类水）占31.4%，主要分布在长沙镇、如东县。大于2.0mg/L（Ⅴ类水）占37.2%，主要分布在长沙镇。

锰（Mn）：洋口港地区Mn元素超标比例较高，主要为原生成因。小于或等于0.1mg/L（Ⅰ、Ⅱ、Ⅲ类水）占56.9%，零散分布于洋口港地区内。0.1～1mg/L（Ⅳ类水）占42.2%。大于1.0mg/L（Ⅴ类水）只有1个点，占0.9%，分布在大豫镇九龙村。

铁（Fe）：洋口港地区内地下水中Fe元素主要以Ⅰ类水为主，超标现象较轻。小于或等于0.3mg/L（Ⅰ、Ⅱ、Ⅲ类水）松散岩岩孔隙水中占62.6%，广泛分布于洋口港地区内。0.3～1.5mg/L（Ⅳ类水）占19.6%，零星分布于洋口港地区内。Ⅴ类水占17.8%，主要分布在承压水中。

砷（As）：小于或等于0.02mg/L（Ⅰ、Ⅱ、Ⅲ类水）占100%，广泛分布于洋口港地区内。ZK01承压水都为Ⅲ类水。

碘化物：洋口港地区地下水中碘化物含量低，小于或等于0.2mg/L（Ⅰ、Ⅱ、Ⅲ类水）占93.1%；0.2～1.0mg/L（Ⅳ类水）占6.9%，零星分布。

重金属：洋口港地区内地下水Cd，主要以Ⅱ、Ⅲ类水为主，小于或等于0.001mg/L（Ⅱ类水）占19.6%；小于或等于0.01mg/L（Ⅲ类水）占79.4%。大于0.01mg/L（Ⅴ类水）只有1个点，占1%，分布在大豫镇九龙村。

Pb主要以Ⅰ、Ⅱ类水为主，小于或等于0.01mg/L（Ⅰ、Ⅱ类水）占97.1%；小于或等于0.1mg/L（Ⅲ类水）占2.9%。

Zn主要以Ⅰ、Ⅱ类水为主，小于或等于0.05mg/L（Ⅰ类水）：Ⅰ类水占90.2%；小于或等于0.5mg/L（Ⅱ类水）占9.8%。

地下水Cu含量都在1.0mg/L以下（Ⅲ类水），以Ⅱ类水为主，占81.4%。

地下水Hg、Cr^{6+}未检测出。

2. 深层地下水

洋口港地区于2012年、2013年、2014年对第Ⅲ、Ⅳ承压地下水进行21次采样化验,现场检测指标为气温、水温、pH值、电导率、氧化还原电位、溶解氧、浊度7项;无机检测指标为总硬度、TDS、COD_{Mn}、H_2SiO_3、NO_3^-、NO_2^-、NH_4^+、SO_4^{2-}、CO_3^{2-}、HCO_3^-、Cl^-、F^-、I^-、Na^+、K^+、Ca^{2+}、Mg^{2+}、Fe、Mn、Pb、Zn、Cd、Cr^{6+}、Hg、As、Se、Al、Cu 28项。洋口港地区主要指标统计分析见表2-5。

深层水样的平均温度在24℃左右,反映了工作区的年平均温度。pH值从7.37到8.30,平均值为7.84。溶解性总固体(TDS)质量浓度相差很大,从462mg/L至19 962mg/L(表2-5)。阳离子以Na^+、Ca^{2+}、Mg^{2+}为主,质量浓度分别为678.58mg/L、137.05mg/L、88.93mg/L,阴离子Cl^-、HCO_3^-、SO_4^{2-}均值分别为1217.94mg/L、422.50mg/L、142.74mg/L(图2-5)。盐水样品中主要以Na^+和Cl^-为主,而在TDS相对较低的样品中阴离子主要为HCO_3^-。

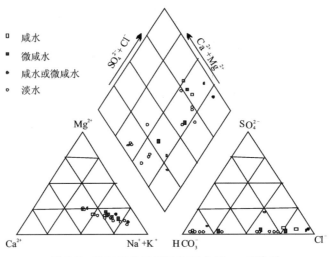

图 2-5 洋口港地区深层地下水 Piper 三线图

第五节 地下水动态监测

洋口港地区在内的浅层地下水(潜水、第Ⅰ承压水、第Ⅱ承压水)为咸水。而第Ⅲ承压含水岩组分布广泛,层位稳定,富水性好,是洋口港地区的主要开采层组,也是洋口港地区内地下水动态监测层位。洋口港地区及相邻区域分布水位监测点6个,水质监测点5个,水位、水质共用监测点2个;通州区水位监测点4个,水质监测点1个。

一、地下水年度动态

2012年度枯水期地下水漏斗分布特征:根据南通市2012年枯水期(2012年4月)、丰水期(2012年9月)监测资料,南通市第Ⅲ承压水水位埋深总体呈中部深,东部、西部浅的特点,在马塘镇存在水位降落漏斗。在枯水期水位埋深超过40m,范围达700km²(图2-6)。与2011年度相比,40m埋深等值线所圈范围有所减少。在丰水期,南通市的中东部地区水位埋深明显加深,大部分区域水位埋深超过30m,洋口港地区马塘镇中心区域水位埋深44.55m,如东县城东大豫镇埋深约为25m(图2-7)。如东马塘、海

表 2-5　江苏洋口港地区深层地下水化学成分表

样号	采样位置	pH	温度(℃)	SO_4^{2-}(mg/L)	Cl^-(mg/L)	HCO_3(mg/L)	Ca^{2+}(mg/L)	Mg^{2+}(mg/L)	Na^+(mg/L)	K^+(mg/L)	Fe(mg/L)	Mn(mg/L)	TDS(mg/L)
1	如东县大豫镇	7.93	19.0	3.87	129.83	541.00	83.93	37.50	112.67	2.30	1.76	0.08	723.33
2	如东县长沙镇	7.89	17.8	94.40	1113.33	526.33	236.33	94.73	462.00	5.77	13.16	0.23	2479.33
3	南通市三余镇	7.37	24.5	4.0	25.2	478	64.1	26.1	82.2	1.5	1.46	0.01	462
4	如东县大豫镇	7.67	23.8	3.7	18.9	459	61.0	26.7	78.1	1.6	0.50	0.02	464
5	如东县大豫镇	7.91	25.1	3.7	22.1	466	64.0	26.3	78.7	1.4	0.93	0.01	534
6	如东县长沙镇	7.70	23.8	3.8	63.0	490	48.1	20.6	140	1.3	0.90	0.06	542
7	如东县大豫镇	7.71	24.8	76.3	1236	301	170	61.4	587	10.1	1.43	0.23	2262
8	如东县长沙镇	7.81	22.9	15.1	357	407	50.0	23.6	278	2.6	1.75	0.12	942
9	如东县长沙镇	8.06	20.3	19.7	372	286	31.9	20.8	286	2.4	3.64	0.14	852
10	如东县苴镇	7.92	23.0	7.2	51.3	502	50.9	24.0	135	1.6	0.18	0.15	558
11	如东县苴镇	7.79	24.5	209	375	313	115	49.3	236	5.0	2.02	0.14	1156
12	如东县马塘镇	7.74	24.9	7.1	458	295	72.1	35.1	263	3.4	0.02	0.11	1106
13	如东县掘港镇	8.30	21.1	11.2	433	301	69.6	33.2	255	5.2	0.02	0.01	1066
14	如东县丰利镇	7.70	22.0	12.7	338	419	63.1	24.0	250	2.5	775.00	16.40	992
15	如东县丰利镇	8.04	19.6	38.8	68.1	475	20.9	11.7	190	2.6	725.00	15.60	622
16	如东县掘港镇	7.75	29.0	18.3	606	304	102.0	49.8	287	4.2	2010.00	61.30	1432
17	如东县苴镇	8.09	34.3	58.5	418	413	55.6	33.7	316	4.1	2120.00	66.50	1238
18	如东县马塘镇	7.84	23.7	8.4	114	493	53.5	26.3	155	1.6	3120.00	89.50	688
19	如东县马塘镇	7.78	24.3	8.8	29.8	621	45.7	21.6	166	1.5	730.00	55.70	608
20	如东县苴镇	—	—	1190.0	9608	401	887.0	687.0	4438	37.4	49.00	0.50	19 961.67
21	如东县苴镇	—	—	1203.0	9740	382	533.0	534.2	5454	44.7	130.00	0.30	19 718.33

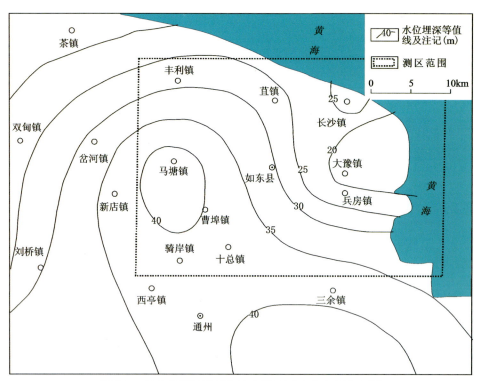

图 2-6 南通市第Ⅲ承压水枯水期地下水位空间分布图

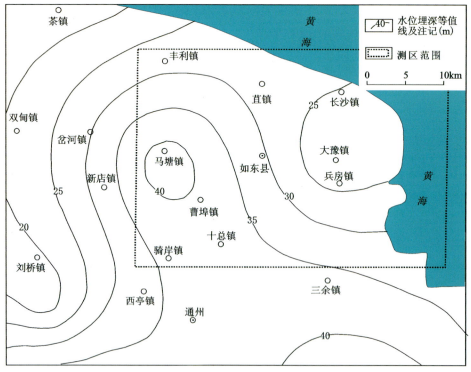

图 2-7 南通市第Ⅲ承压水丰水期地下水位空间分布图

门三厂是两个主要的水位降落漏斗中心区,两水位降落漏斗中心区已被40m水位埋深线圈围在一起,其影响范围达600m²。

与2011年水位监测资料相比较,2012年第Ⅲ承压水枯水期水位总体表现为上升趋势,北渔镇东海村升幅最大,为2.69m;2012年丰水期水位有升有降,其中北渔降幅最大,为0.46m(表2-6)。

表2-6 洋口港地区2011—2012年监测点水位埋深变化(据南通市2012年地下水监测年报)　单位:m

监测点	枯水期水位埋深			丰水期水位埋深		
	2012年4月	2011年4月	变幅	2012年9月	2011年9月	变幅
如东县北渔乡冷冻食品厂	29.08	30.00	+0.92	26.25	25.96	-0.29
如东县长沙镇三民村	28.58	31.27	+2.69	25.92	26.75	+0.83
如东县长沙镇黄海村	28.45	28.44	-0.01	25.75	25.29	-0.46
如东县马塘水厂	43.88	44.23	+0.35	44.55		

二、地下水年内动态

如东县北渔乡冷冻食品厂、如东县长沙镇三民村、如东县长沙镇黄海村第Ⅲ承压水监测井2011—2012年近两年的动态曲线表明,水位随时间变化相对稳定,表现出丰(枯)水期波动动态变化(图2-8)。如东县监测井曲线显示每年表现出单个峰谷的动态特征,1—3月份表现出急剧下降态势,3月达到最低水位,之后缓慢上升,到12月份又达到最高。上述3个监测井分布在农村城镇地区,人类生产活动相对单一,导致其出现单峰谷变化。

图2-8 如东县监测井2011—2012年动态曲线图

对南通市第Ⅲ承压水水质监测点地下水的质量评价为总体水质良好,为Ⅱ~Ⅲ类水。如东县马塘水厂、如东县大豫水厂水质较好,达Ⅲ类水标准。地下水化学类型以HCO_3-Na型为主,其次为Cl·HCO_3-Na型、HCO_3·Cl-Na型。水质良好的深井可作应急水源地。

第六节 地下水形成演化

一、区域同位素研究概况

同位素分析技术已成为水文地质学的现代研究方法之一,已经大量地、成功地应用于研究地下水循环演化规律。应用环境同位素在确定地下水来源及组成、研究地下水补径排条件、揭示含水层之间的水力联系和地表水与地下水的相互作用、示踪地下水运动等诸多方面具有重要作用。

地下水的同位素组成主要取决于地下水的来源,不同来源水的同位素组成的差异及其含量的时空变化是应用环境同位素方法解决地下水补给循环特征的基础。研究地下水循环规律时常用到的有稳定同位素(^{2}H、^{18}O、^{13}C)和放射性同位素(^{3}H、^{14}C)等。氢氧同位素是水化学性质稳定且保守的示踪剂,也是研究最为深入、应用最为广泛的稳定同位素。国内外有大量的应用氢氧同位素研究地下水来源与演化规律的成功案例:如氢氧同位素示踪技术在查明大气降水、地下水与地表水之间的交互作用方面可以发挥关键性的作用;氢氧同位素可以有效地揭示地下水与不同水体的混合过程,也是解析地下水咸化成因的重要示踪因子。

地下水是古气候信息的载体,应用地下水的同位素资料可以研究古气温的变化、海岸线的变迁。实验室所采用的常规测年方法为^{3}H法和^{14}C法,应用^{3}H、^{14}C资料可以计算地下水的形成年龄,确定地下水的补给期,反映区域地下水流动模式以及对人类干扰的响应。

《江苏沿海地区发展规划》于2009年提升为国家战略规划。江苏沿海平原东濒黄海,成为中国东部重要的经济增长极,也是江苏省域水资源量最欠缺的地区。水质优良的深层地下水是本区经济社会发展的重要支柱。在经济发达的沿海地带,由于缺乏对地下水形成演化规律的正确认识,过量抽取地下水,破坏了滨海地带地下水的循环过程,导致江苏沿海平原地下水资源衰减、地质环境恶化。2012年起开展的水文地质调查资料表明,江苏沿海平原区主采层第Ⅲ、Ⅳ承压水出现地下水位不断降低、水质咸化、矿化度增高而诱发地面沉降与海水入侵等一系列问题。在高强度开发地下水条件下,对沿海地区的水文演化问题缺乏系统认识,由地下水开采引发的地质环境问题亟待解决:如高强度开发地下水条件下水资源量和水质演变的过程与机理,导致含水层系统结构发生变异的机理与趋势如何?区域地下水系统如何响应区域水循环的变化?

20世纪60年代至今,江苏省域开展大量的水文地质研究主要集中在长江南翼,对北翼的江苏沿海平原的研究薄弱。哈承佑等(1990)先后对区域古地理背景和水文地质条件做过系统的总结划分。哈承佑等(1990)、赵继昌等(1993)应用地下水的环境同位素(^{2}H、^{18}O、^{3}H、^{14}C)研究地下水的循环过程及其形成年代。周慧芳等(2011)基于同位素^{2}H、^{18}O和水化学系数分析,开展过南通地区地下水补给源、水化学变化特征研究。针对深层地下水开发利用引发的系列环境地质问题,也进行过简单的成因分析。江苏沿海平原开展的地下水演化循环过程研究工作,主要集中在浅层地下水,对深层地下水水文地质研究比较粗略。深层地下水采集的同位素样品种类、数量少,且主要分布在南部南通地区,对广大的北部很少涉及。以往研究深井水样大多为上下多层含水层的混合水,这就使得同位素及化学成分混杂不清,而无法进行细致的示踪研究。

江苏沿海平原是省域水资源脆弱带,正确认识区域地下水水文化学演变过程是合理持续利用地下水资源的基础。由于影响地下水同位素组成的因素很多,单一的同位素提供的信息有其局限性,联合运用多种环境同位素提供的信息相互映证,更能展现地下水循环演化过程的全貌。本研究利用近期获得的钻孔剖面地层对比数据资料，系统地对水文地质钻孔（深孔）进行取样分析，以期准确标定工作区深层地下水含水层的环境同位素的"指纹"特征。通过对区域地下水稳定同位素（^2H、^{18}O）和放射性同位素（^3H、^{14}C）组成的研究，探索江苏沿海平原地区地下水补径排条件、超采地下水引起的流场变化，以便为滨海含水层地下水资源合理开发利用、污染治理提供基础资料和理论依据。

二、研究方案部署

本研究采样点大致沿地下水流向（自西向东）分布，针对本区地下水分层专门监测井进行取样分析，分别采集地表水、潜水、承压水，以第Ⅲ、Ⅳ承压水为重点。2014年10—11月采集深层地下水样品21件，其中第Ⅲ承压水同位素样品（^2H、^{18}O、^3H、^{14}C）14组，第Ⅳ承压水7组；采集浅层地下水同位素（^2H、^{18}O）样品7件；采集地表水同位素（^2H、^{18}O）样品5件，其中如泰运河河水样品3件，入海口海水样品2件。洋口港地区水文地质特征有水平分带与垂直分带规律，含水层组结构及采样位置如图2-9所示。

为研究氢氧稳定同位素各种效应分布特征，追踪来源于降水的地下水循环模式，收集国际原子能机构（IAEA）的全球降水同位素网中与本地区相关的降水资料进行分析研究。

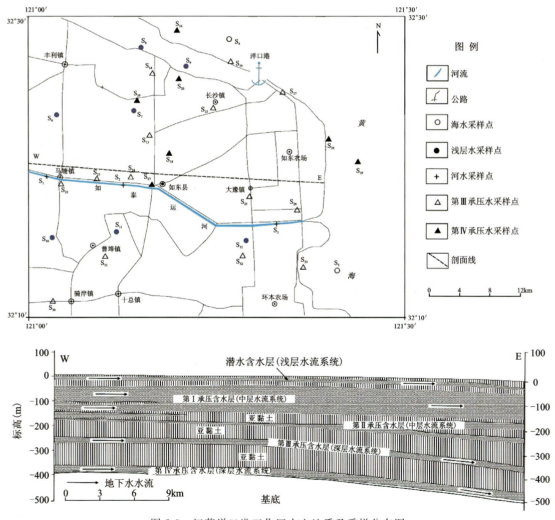

图2-9 江苏洋口港工作区水文地质及采样分布图

1. 技术路线

根据江苏洋口港地区地下水水文地质条件,针对地下水开发利用现状,本项研究根据环境同位素及相关水化学组分在地下水循环中的标记性特点,在典型工作区采集地下水样品,然后测试和分析地下水的环境同位素组成和相关的水化学组分。以此为基础,应用环境同位素水文学方法研究地下水循环、补给特征,估算其更新情况。通过多种环境同位素技术联合应用,追踪地下水循环演变过程,服务于地方经济社会发展。

技术路线见图2-10。

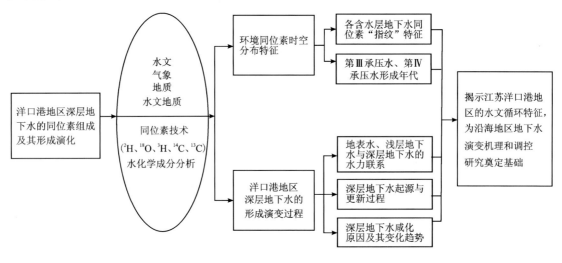

图 2-10 技术路线图

2. 技术方法

围绕拟解决的关键科学问题,针对以往研究的薄弱环节,联合使用多种同位素(^2H、^{18}O、^3H、^{14}C、^{13}C),结合传统水化学方法,追踪地下水在包气带和含水层中的流动与演化过程,分析深层地下水主采层的化学演化、补给过程与机制、咸水起源等,识别和估算现代补给以及地下水的年龄,了解含水层对地下水开采和补给变化的响应,评价含水层对开采和水位下降的响应以及相关的水质恶化,分析研究深层承压地下水的可更新性变化。

氢氧同位素分析:用锌还原法制备氢,对水样的氢同位素进行分析,用CO_2-H_2O平衡法对水的氧同位素进行分析,以V-SMOW为标准,运用质谱仪(型号MAT 253)测定。氢同位素分析精度为±2‰(1σ),氧同位素分析精度为±0.1‰(1σ)。

放射性同位素氚:依据《水中氚的分析方法》(GB 12375—1990),使用1220 Quantulus型超低本底液体闪烁谱仪测定,精度为$\sigma \leqslant 0.6$TU。在测量过程中同时进行标准源和本底测定并参与国际比对。

^{14}C、^{13}C采集与测定:溶解无机碳(DIC)中的^{14}C和^{13}C测试水样用$BaCO_3$沉淀法采集。^{14}C测定使用液闪仪,计算出样品现代碳百分比PMC(%)后,年龄经^{13}C矫正。^{14}C标准采用中国糖碳,本底为实验室合成本底,^{14}C半衰期采用5730a,精度$\sigma \approx 0.1 \times 10^4$a(年代值为$4 \times 10^4$a时)。$^{13}C$分析为100%磷酸法,以PDB为标准,运用质谱仪(型号MAT 253)测定,分析精度±0.1‰。

地下水化学组分测定:地下水的水化学组分指标(EC、TDS、pH、Na^+、Ca^{2+}、Mg^{2+}、K^+、HCO_3^-、Cl^-、SO_4^{2-}、NO_3^-等)测试,采用国家和行业的标准检验方法,在南京地质矿产研究所实验测试中心完成。

三、氘氧同位素组成

1. 工作区参考降水线方程的建立

根据IAEA全球大气降水监测数据库(GNIP)参考站点资料,综合考虑参考站点与本区地理位置、气候分区、地形地貌的一致性,选择南京站作为本区降水同位素的参考站点。根据GNIP南京站点1987—1992年的58个降水同位素数据,大气降水稳定同位素$\delta^{18}O$值介于$-11.83‰\sim-0.09‰$之间,平均为$-7.36‰$,δD介于$-83.5‰\sim17.9‰$之间,平均为$-44.89‰$。根据南京站点降水同位素的监测数据可以得到本区降水线方程为$\delta D=8.49\delta^{18}O+17.71(N=58,R^2=0.967,p<0.01)$,与全球大气降水线$(\delta D=8\delta^{18}O+10)$相似(图2-11)。

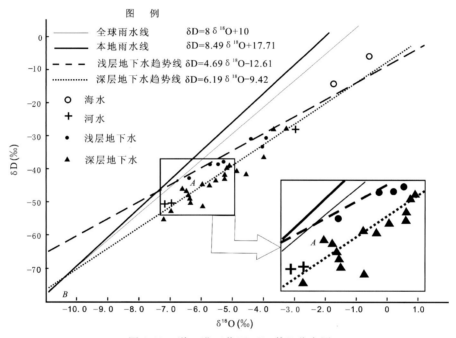

图 2-11 洋口港工作区 $\delta D\text{-}\delta^{18}O$ 分布图

2. 地表水、地下水氘氧同位素组成

工作区采集的地表水、浅层地下水、深层地下水样品的δD、$\delta^{18}O$值见表2-7。

表 2-7 洋口港地区各水体沿主径流方向氘氧同位素分布表　　　　　　　　　　单位:‰

序号	水体类型	地下水埋藏深度 (m)	马塘镇 δD	马塘镇 $\delta^{18}O$	如东县 δD	如东县 $\delta^{18}O$	大豫镇 δD	大豫镇 $\delta^{18}O$
1	地表水	—	-50.45	-7.18	-50.43	-6.98	-28.35	-2.96
2	浅层地下水	$0\sim120$	-40.75	-6.05	-34.515	-4.84	-36.00	-4.75
3	第Ⅲ承压水	$230\sim300$	-49.12	-6.38	-42.94	-5.25	-41.43	-5.21
4	第Ⅳ承压水	$350\sim450$	—	—	-50.33	-6.34	-39.32	-5.13

河水是地下水的重要补给来源之一,研究地表水的变化特征及形成规律是进一步开展本区地下水形成演化规律研究的前提。如泰运河河水从马塘镇到入海口 δD、δ^{18}O 的变化范围分别为 −50.45‰～ −10.42‰、−7.18‰～−1.15‰,均值分别为−34.91‰、−4.57‰。地表水氢氧同位素空间差异明显,呈现出氢氧同位素沿程富集。在 δD-δ^{18}O 关系图(图 2-11)中,河水的同位素组成均落在降水线的右下方(距离降水线较近),并位于同一条直线上,说明河水沿着径流方向受到海水影响而增大,并受到了一定蒸发作用的影响。

工作区地下水 δ^{18}O 值介于−7.22‰～−3.25‰之间,均值为−5.43‰;δD 值介于−55.31‰～ −28.15‰之间,均值为−41.97‰。浅层地下水样品的 δ^{18}O 值介于−6.39‰～−3.91‰之间,均值为 −5.03‰;δD 值介于−42.83‰～−30.69‰之间,均值为−36.17‰;深层地下水样品的 δ^{18}O 值介于 −7.22‰～−3.25‰之间,均值为−5.57‰;δD 值介于−55.31‰～−28.15‰之间,均值为−43.90‰。浅层地下水沿径流方向总体表现为沿程富集,浅层地下水样品的 δ^{18}O、δD 值普遍比深层地下水偏正。

由以上数据特征和图 2-11 可见,地下水中的 δD 值和 δ^{18}O 值及两者之间的关系呈以下特征:①两者的变化区间均比大气降水的相应值小得多。②两者的均值均比大气降水的相应值大。③表示深层地下水的点都分布在当地降水线附近,并靠近左下角,显示古气候效应。④沿地下水主径流方向由西至东,δD 值和 δ^{18}O 值总体上增大(表 2-7)。⑤在垂直方向上,随着深度的增加,δ^{18}O 值和 δD 值逐渐降低。

以上特征表明:①地下水主要来源于大气降水的入渗补给。②大气降水在补给地下水过程中,经历了明显的蒸发过程,浅层地下水与深层地下水在补给过程中经过不同程度的蒸发影响。③浅层地下水与深层地下水补给来源可能存在温度差异,深层地下水的补给来源温度较低。④沿径流方向,补给地下水的蒸发作用越来越强烈。⑤深层地下水、浅层地下水之间同位素组成的明显差异,表明深层地下水与浅层地下水之间的相互影响较微弱。⑥同一地点各层位的氢氧同位素数据具有明显的分层性。

四、深层地下水氚分布特征及其指示意义

1. 工作区大气降水氚浓度的恢复

地下水中常见的放射性同位素主要有 T 和 ^{14}C。T 与 O 形成的含氚地下水,成为天然的放射性示踪剂。氚的半衰期仅为 12.43a,在水中以 HTO 形式存在,成为天然水的一部分,参加水循环,因此成为追踪各种水文地质作用的一种理想示踪剂,特别是它的放射性和计时性,使之成为测定地下水年龄的重要技术手段,并对研究大气降水入渗,现代渗入起源,地下水补给、赋存及运动具有重要意义。一般主要是利用地下水中氚含量分辨 1952 年前补给的老水与 1963 年以来补给的新水。利用氚研究地下水的运动规律时,必然会遇到氚的输入背景值问题。大气降水中的氚有两个来源:一是来源于大气层上层宇宙射线形成的中子与氮原子的相互作用而形成的宇宙氚;二是来源于 1952 年以来的热核爆炸,1963 年达到高峰。随后由于国际公约对核试验的限制,降水中氚浓度以指数形式递减,21 世纪初已恢复到自然水平。为查明大气降水氚浓度的时空分布规律,国际原子能机构(IAEA)和世界气象组织(WMO)在世界各地建立了观测站,而我国的背景值监测工作起步较晚,除香港外,广大地区缺少 1953—1978 年 20 多年的系列观测资料。由于实测资料不能满足应用要求,因而需应用合适的数学方法对大气降水的氚浓度进行恢复。目前应用的恢复方法主要有插值法、双参考曲线法、人工神经网络法、因子分析法等。本次研究基于章艳红等(2011)应用因子分析法,建立的南京地区的全球大气降水氚恢复曲线(图 2-12),以提供工作区降水氚的背景资料。

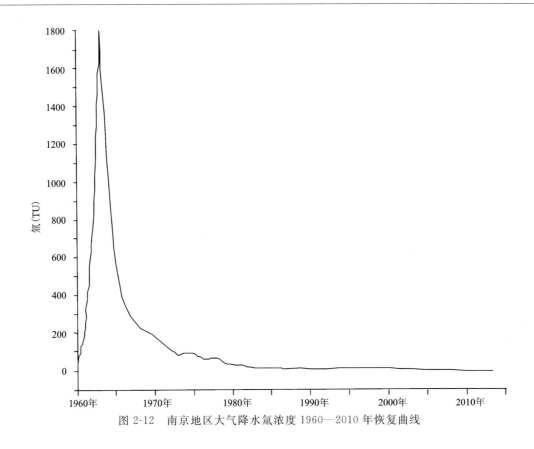

图 2-12　南京地区大气降水氚浓度 1960—2010 年恢复曲线

2. 工作区深层地下水氚浓度分析

根据南京地区降水氚恢复曲线，1963 年南京地区大气降水中的氚浓度可达 1746TU，20 世纪 60 年代一般在 200TU 以上，70 年代一般在 60～150TU 之间，80 年代逐渐恢复到自然水平。根据不同时期形成的地下水的平均氚值，根据衰变定律，可推测到地下水各水体中氚的演化路径。

在人工热核试验以前，大气降水中氚值为 5～10TU，所形成的地下水平均氚值为 7.5TU。按氚的半衰期 12.43a 计算，根据衰变定律，经过一个半衰期后，约到 1972 年时，氚值已降至 3.75TU。到 20 世纪 80 年代以后，地下水中就基本不含氚了。

根据南京地区 20 世纪 60 年代降水中氚值可以推断，当时降水形成的地下水平均氚值为 400TU。经过 4 个半衰期后，在 2014 年氚值降至 25TU 左右，远高于当前的雨水氚值。根据南京地区 20 世纪 70 年代初期雨水氚值，可以确定当时形成的地下水平均氚值约为 100TU。经过 3 个半衰期后，到 2014 年氚值降至 12TU 以下。根据南京地区 20 世纪 70 年代后期氚值雨水资料，可以确定当时形成的地下水平均氚值约为 40TU。经过 3 个半衰期后，到 2014 年氚值降至 5TU 以下。

江苏洋口港地区深层承压地下水水中大部分氚含量小于 2TU（表 2-8），均为低氚水，这表明洋口港地区深层承压地下水形成于第四纪地质历史时期。工作区部分深井受到人为建井影响使上下含水层贯通引起越流补给而出现含氚水。洋口港南部三余镇沿海地区第Ⅲ承压水氚含量为 15.80TU，根据衰变定律可以推断，地下水混入了 20 世纪 60 年代的降水。如东县丰利镇、掘港镇部分深井氚含量为 5～9TU，可以推断所测深井混入了 20 世纪 60 年代至 70 年代初期的降水。如东县马塘镇是工作区水位降落中心，所测深井第Ⅲ承压水氚含量超过 12TU，可以推断水位降落中心混入了 20 世纪 60 年代的高氚含量降水。部分深井地下水出现高氚含量，应该视为超采地下水诱发的现代水补给。由于超采深层地下水，深层地下水水位远低于浅层地下水水位，形成了较大的水位差，大气降水与浅层水参与到深层水的循环中,浅层水与深层水之间的水力联系加强,水循环速率与氚值增大。

表 2-8　洋口港地区地表水地下水氘氧、氚、¹⁴C 同位素组成

采样编号	地名	水体类型	地下水埋藏深度 (m)	δD_{V-SMOW} (‰)	$\delta^{18}O_{V-SMOW}$ (‰)	^3H (TU)	$^{14}C(a)$ (半衰期 5730a)
S1	如东县马塘镇	河水	—	−50.45	−7.18	—	—
S2	如东县掘港镇	河水	—	−50.43	−6.98	—	—
S3	如东县大豫镇	河水	—	−28.35	−2.96	—	—
S4	如东县苴镇	海水	—	−6.32	−0.56	—	—
S5	南通市三余镇	海水	—	−14.52	−1.73	—	—
S6	如东县丰利镇	潜水	0～40	−38.67	−5.71	—	—
S7	如东县苴镇	潜水	0～40	−31.13	−4.40	—	—
S8	如东县丰利镇	第Ⅰ承压水	40～120	−30.69	−3.91	—	—
S9	如东县苴镇	潜水	0～40	−33.37	−4.04	—	—
S10	如东县曹埠镇	潜水	0～40	−42.83	−6.39	—	—
S11	如东县曹埠镇	潜水	0～40	−37.90	−5.28	—	—
S12	如东县大豫镇	潜水	0～40	−38.63	−5.46	—	—
S13	如东县苴镇	第Ⅲ承压水	230～300	−28.15	−3.25	<2.00	9370±80
S14	如东县苴镇	第Ⅲ承压水	230～300	−28.20	−3.67	<2.00	7410±800
S15	如东县长沙镇	第Ⅲ承压水	230～300	−36.58	−3.97	<2.00	11 270±110
S16	如东县长沙镇	第Ⅲ承压水	230～300	−44.90	−5.97	<2.00	26 140±300
S17	如东县长沙镇	第Ⅲ承压水	230～300	−46.25	−6.61	2.47	22 950±510
S18	如东县掘港镇	第Ⅳ承压水	350～450	−48.05	−6.40	8.70	19 540±180
S19	如东县丰利镇	第Ⅳ承压水	350～450	−48.80	−6.37	6.94	22 310±280
S20	如东县苴镇	第Ⅳ承压水	350～450	−52.76	−6.97	<2.00	25 890±300
S21	如东县丰利镇	第Ⅳ承压水	350～450	−55.31	−7.22	5.31	16 900±230
S22	如东县马塘镇	第Ⅲ承压水	230～300	−41.64	−4.54	13.33	22 490±170
S23	如东县马塘镇	第Ⅲ承压水	230～300	−51.42	−5.96	12.00	18 600±170
S24	如东县马塘镇	第Ⅲ承压水	230～300	−49.12	−6.38	<2.00	22 150±250
S25	如东县大豫镇	第Ⅲ承压水	230～300	−42.94	−5.25	<2.00	17 940±140
S26	如东县大豫镇	第Ⅲ承压水	230～300	−43.80	−5.52	<2.00	16 100±100
S27	如东县掘港镇	第Ⅳ承压水	230～300	−50.33	−6.34	<2.00	18 870±230
S28	如东县大豫镇	第Ⅳ承压水	350～450	−39.32	−5.13	<2.00	16 140±130
S29	如东县大豫镇	第Ⅳ承压水	350～450	−45.13	−5.72	<2.00	18 200±130
S30	南通市骑岸镇	第Ⅲ承压水	230～300	−46.66	−6.48	<2.00	24 880±260
S31	南通市骑岸镇	第Ⅲ承压水	230～300	−40.79	−4.86	<2.00	20 380±280
S32	如东县大豫镇	第Ⅲ承压水	230～300	−39.92	−5.17	<2.00	17 260±100
S33	南通市三余镇	第Ⅲ承压水	230～300	−41.84	−5.25	15.80	18 490±340

五、深层地下水放射性^{14}C年龄分析

工作区三余镇、丰利镇、掘港镇部分深井地下水出现高氚含量,应该视为超采地下水诱发的现代水补给的混合水。由于深层取水使浅层水与深层水之间建立了水力联系,浅层水补给到深层水中使后者的年龄变小。由于部分深井地下水混入现代降水,计算地下水年龄应去除相应测试值。工作区深层承压地下水的^{14}C年龄的变化范围为7410~26 140a,均值为18 330a($N=15$)。其中第Ⅲ承压水^{14}C年龄的变化范围为7410~26 140a,均值为17 805a;第Ⅳ承压水^{14}C年龄的变化范围为16 140~25 890a,均值为19 775a($N=4$)。^{14}C年龄在垂直方向上由浅部至深部逐渐增大,沿着地下水的流向自西向东,深层承压水^{14}C年龄总体上逐渐增大。越靠近下游平原或含水层埋深越大,地下水交替越差。

分析^{14}C年龄与δ^{18}O显著负相关,相关系数-0.901($\rho=0.01$, $N=15$),工作区地下水形成年龄越老,δ^{18}O愈加偏负(图2-13),这与区域第四纪气候演变有着密切的关系。距今13 000~60 000a的威斯康辛冰期,δ^{18}O值比现在平均低约1‰。在我国东部沿海地区,地下水样品在全新世和晚更新世不同时期降水中δ^{18}O差值也在2‰左右。据此可确定,工作区大部分深井地下水为末次冰期的降水补给,只有极少部分深井为全新世早期的降水补给。

工作区丰利镇第Ⅲ承压水为咸水,^{14}C测得的年龄小于10ka,可能是全新世高温期大陆盐化作用的产物。

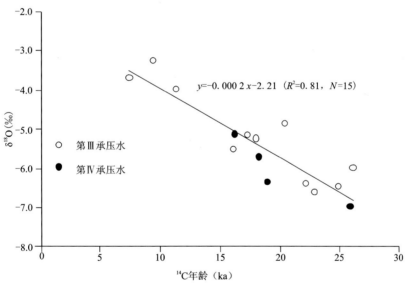

图2-13 洋口港地区^{14}C年龄与δ^{18}O相关性分析

六、地下水来源演化研究

1.地下水补给来源分析

瑞利蒸馏过程影响着降水中的同位素组成特征。水在蒸发过程中重氢氧同位素倾向于保留在相对于水蒸气分子来说活性较低的液态水中,使残留溶液的δD值、δ^{18}O值偏正。工作区浅层地下水主要来源于现代大气降水的入渗补给,其蒸发作用要比深层地下水强烈得多,浅层地下水中的同位素氢氧在较

强的蒸发作用下相对富集,因此,δD 值、δ¹⁸O 值偏正,深层地下水中 δD 值、δ¹⁸O 值相对来说则偏负。在蒸发浓缩作用下,浅层地下水矿化度普遍要比深层地下水高。沿海一带 δD 值、δ¹⁸O 值普遍比中西部地区偏正,是由于沿海地区地下水受到一定程度 δD 值、δ¹⁸O 值偏正的现代海水的影响。

地下水趋势线(蒸发线)与当地雨水线的交点可以代表补给地下水时的源区水氢氧同位素的平均组成。代表深层水补给源的 B 点位于浅层水补给源 A 点之下,表明深层地下水接受补给的降水 δD 值、δ¹⁸O 值比浅层水偏负,推测深层地下水是在气温较低的条件下接受的降水补给。

大气降水的年平均 δD 值、δ¹⁸O 值与该区的地面平均气温正相关。中国的地面平均气温与现代大气降水的 δD 值、δ¹⁸O 值建立了如下关系式:

$$\delta^{18}O = 0.35t - 13.0(‰) \tag{2-1}$$

$$\delta D = 2.8t - 94.0(‰) \tag{2-2}$$

根据本次采样的地下水氢氧稳定同位素资料,对深层含水组进行统计,根据求得的 δ¹⁸O-δD 关系式,通过求解方程从而获得相应补给时期大气降水的 δ¹⁸O 值和 δD 值,然后代入式(2-1)和式(2-2),求出地下水补给期的地面平均气温。

根据氢氧稳定同位素资料,求得的深层地下水的 δ¹⁸O-δD 关系式为

$$\delta D = 6.19\delta^{18}O - 9.42, \quad (N=21, R^2=0.892, p<0.01)。$$

通过求解方程从而获得相应补给时期大气降水的 δD 和 δ¹⁸O 值分别为

$$\delta D = -82.46, \quad \delta^{18}O = -11.80$$

代入公式(2-1)、式(2-2)求得深层地下水补给期的地面平均气温介于 3.4~4.1℃,比现代气温(14.8℃)低约 11℃。

根据放射性同位素 ¹⁴C 测年曾测定出江苏沿海平原地下深层含水系统的大部分地下水形成于 15 000~26 000a,处于晚更新世末期,该时期气温较低,降水的 δ¹⁸O 值、δD 值偏负。据此类比,可以判断工作区深层地下水的补给源为末次冰期(大理冰期)盛期较寒冷的大气降水淋滤补给。

2. 地下水循环特征与可更新性

处于水循环系统中不同的水体,因成因不同而具富集程度不同的氢氧同位素。不同水体中的同位素浓度变化可示踪其形成和运移方式,认识变化环境下的水循环规律及水体间的相互关系。从工作区地表水、浅层地下水、第Ⅲ承压水、第Ⅳ承压水的 δD、δ¹⁸O 平均值来看,发现地表水的同位素均值最大,浅层地下水次之,深层地下水最小(表 2-9)。沿着地表水-浅层地下水-深层地下水这一水循环路径,随着地下水埋藏深度增加,水体中的 δD 值、δ¹⁸O 值总体上呈下降趋势。地表水、浅层地下水沿径流方向都表现为沿程富集,而且氢氧均值差异较小,表明它们之间的水体联系较为紧密,浅层地下水以垂向流动为主。深层地下水、浅层地下水以及第Ⅲ承压水、第Ⅳ承压水之间同位素组成的明显差异,表明深层地下水各水体之间的相互影响较微弱。

表 2-9 洋口港地区各水体氢氧同位素分布

序号	水体类型	地下水埋藏深度(m)	δD(‰) 均值	δD(‰) 范围	δ¹⁸O(‰) 均值	δ¹⁸O(‰) 范围
1	地表水	—	−34.91	−50.45~−10.42	−4.57	−1.26~6.99
2	浅层地下水	0~120	−36.17	−42.83~−30.30	−5.03	−6.39~−3.91
3	第Ⅲ承压水	230~300	−41.59	−51.42~−28.15	−5.21	−6.61~−3.25
4	第Ⅳ承压水	350~450	−48.53	−55.31~−39.32	−6.31	−7.22~−5.13

几十年来,由于对江苏沿海平原地下水的更新能力认识不足,对地下水的可开采资源量估计过高,导致开采强度大大超过地下水的更新速度,地下水资源开发产生了一系列的环境问题。地下水 δD 值、$δ^{18}O$ 值和地下水埋藏深度可以有效地标记地下水的径流条件与更新状况。第Ⅲ承压水是工作区主要开采层位,根据水位监测资料,由于多年开采第Ⅲ承压水,形成了以马塘镇为中心的水位降落漏斗,水位下降区范围达 698km², 中心水位埋深超过 40m(图 2-14)。

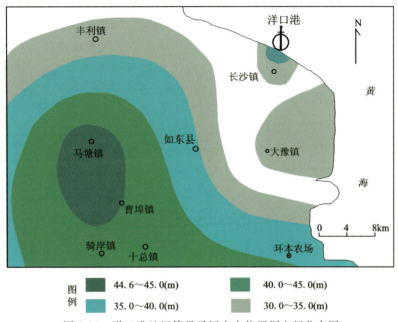

图 2-14 洋口港地区第Ⅲ承压水水位埋深空间分布图

本次研究利用 ArcGIS 的 DEM 模型作的 δD、$δ^{18}O$ 空间分布图(图 2-15)显示,工作区第Ⅲ承压水氢氧同位素的分布区域大致与降落漏斗分布一致,反映出随着地下水位下降,开采的深部年老水且 δD 值、$δ^{18}O$ 值相对较小的水的比例增加。工作区地形平坦,水力坡度非常小;深层含水层之间发育渗透系数较小的黏土类地层,因此深层承压地下水基本保持相对封闭状态,以侧向水平径流为主,径流滞缓,总体上处于封闭—半封闭状态,可更新能力弱,具有不可再生资源的属性。

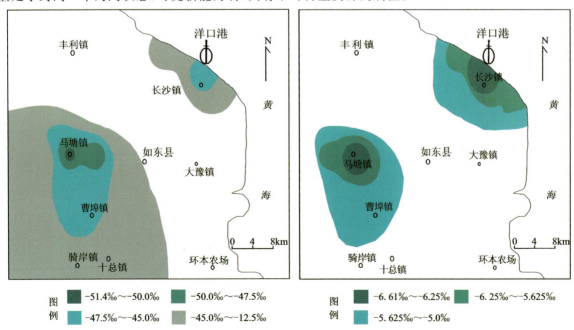

图 2-15 洋口港地区第Ⅲ承压水 δD(左图)与 $δ^{18}O$(右图)空间分布图

3. 地下水的演化

江苏沿海平原天然地下水流动是自晚更新世末期以来,伴随着冰退、海平面上升及海洋性气候的变化调整到目前的模式。距今 25~15ka 的末次盛冰期,海平面低于现今约 155m。由于不存在全新世地层,现在的深层含水层埋藏较浅,与大气降水和地表水联系密切,水循环交替活跃,地下水流动速度快,补给条件好,降水及地表水的补给有足够长的时间交替出含水层中老的地下水,使含水层中保存有距今 $(1\sim3)\times10^4$ 年的地下水。地下水在形成及径流过程中,遭遇较强烈的蒸发作用和阳离子交换作用,形成的水化学类型以 HCO_3-Na 型为主,具有氢氧稳定同位素低、氚含量低的同位素特点。少量是在末次冰期前赋存于地下的古水,在晚更新世由于低平原地区水力梯度小,水平向运动速度慢,没有来得及更新出去,后来海平面上升,海水侵入顶托,原有的古水随即被封存于地下。这些古水一般埋藏较深,所占比例较小。随着全新世暖期的到来,海平面升高,排泄基准面抬升,伴随着地层的沉积形成,地下水流动减缓,冰期的地下水未受海水入侵影响滞留于含水层之中而得以保存。

自 20 世纪 70 年代开始,工作区大量深层地下水被开发利用以来,深层承压地下水水位持续下降,水位降落漏斗产生并不断扩展,天然流场被干扰,导致地下水流动模式发生变化。人类活动加强了浅层地下水与深层地下水之间的水力联系,部分地区水位下降明显,水循环速率增大。

第三章 工程地质

第一节 工程地质条件

洋口港工作区隶属江苏省南通市通州区和如东县，介于北纬32°10′—32°30′、东经121°00′—121°30′之间，东西宽45km，南北长约36km，东临黄海，位于江苏省的东部。江苏省重点建设的港口洋口港和通州湾就在工作区内。

一、地形地貌

洋口港地区陆域部分地势平坦，地面高程为3~5m，沿如泰运河两岸稍高，约5m。陆域地貌属于典型的滨海平原，分属三角洲平原区、海积平原区、古潟湖区和滩涂围垦区4种类型。滩涂围垦区人工干扰作用明显，以坑塘地貌为主；海域最显著的地貌特征是坡度极平缓的潮间带和浅海辐射沙洲。

二、地表沉积物

工作区内无基岩出露，基岩面埋深南部小于400m，向北逐渐加深，至北部沿海地区埋深大于1000m，呈南高北低的倾斜状态。南部基岩岩性主要以古生界为主，中部大部分地区为中生代沉积盆地，发育白垩纪地层；西北部地区为新生代以来的沉积盆地，沉积了较厚的古近纪地层。

工作区松散沉积物成因较为复杂，岩性、岩相变化较大，沉积物成因类型主要为冲积物、海积物、冲海积物、三角洲积物、河口堆积物、潟湖堆积物等，大部分地区存在一些工程地质条件较差的不良土体，工程地质类型总体上属于中等及其以上复杂程度。

三、第四纪地质

江苏洋口港地区第四系发育较全，厚度较大，一般为300m左右；自西向东、自南向北略有增厚，沉积相序变化频繁，具有多韵律特征，其成因类型复杂，自下而上可划分为更新统海门组、启东组、昆山组、潟湖组和全新统如东组，主要由河流相、湖相、滨海相以及海相等成因类型构成了海积平原。各组分述如下。

海门组：以河流相为主的含砾中粗砂、细砂、亚砂土组成韵律层（其上部夹两个海相层），与下伏盐城组的湖相灰绿色亚黏土、中细砂呈平行不整合接触，二者沉积环境特征差异明显。在孢粉组合上，海门组下部以针叶林为主，草本植物次之；而盐城组上部以栎、榆、松为主。二者反映出寒冷与温暖的不同气候特征。厚13～106m。

启东组：根据区域孢粉资料和古气候对比，现启东组系指平行不整合于海门组之上，以灰色、青灰色、灰绿色亚黏土、细砂、中砂、粗砂、含砾中粗砂组成的韵律层。沉积厚度自西向东增厚，南北薄，中间厚。

昆山组：系指一套灰色、青灰色、灰白色、灰黄色、黄色亚黏土，粉砂，细砂，中砂为主的韵律层，底部为亚黏土含铁锰结核。昆山组以下部青灰色、灰黄色亚黏土与启东组上部灰色—灰黄色粉砂、细砂、中砂相区别。厚度自西向东增大。

滆湖组：系指昆山组之上，以浅黄色、灰黄色、灰绿色、深灰色亚黏土为主，夹灰色—深灰色、粉砂、细砂、含砾中粗砂的韵律层。滆湖组以灰黄色—灰褐色细砂、亚砂土与昆山组粉砂、细砂、含砾中粗砂相区别。厚度自西向东增厚，以如皋—如东一带最厚。该组以河相、湖相为主，浅海相次之。

如东组：位于滆湖组之上，以灰黄色、青灰色、灰黑色亚砂土，粉砂，细砂为主，夹多层淤泥质亚黏土、泥质层（湖相、沼相、夹海相）。受古地貌的高—低—高起伏影响，厚度由薄—厚—薄变化。在南通地区沉积厚度最大。

四、新构造运动与地震

新构造运动系指新近纪以来的地壳活动。由于它与人类活动和国民经济建设有较密切的关系，尤其对沿海开发过程中通州湾的重点规划建设影响较大，因此了解和掌握港区内新构造运动的活动规律具有重要意义。新构造运动表现形式主要有差异性升降运动、古断裂的继承性活动及地震等。

1. 差异性升降运动

区内差异性升降运动主要表现为北部洋口港—洋口镇一带持续、缓慢、不均匀地沉降运动及南部骑岸镇—环本农场地区的先升后降运动。地壳运动总体又呈现为南升北降的掀斜活动。

从洋口港地区及邻区各凹陷凸起的古近系、新近系沉降幅度（表3-1）来看，北部的不均匀沉降具有明显继承性，又反映了新生性，即古近纪沉降幅度大的凹陷，新近纪沉降幅度也相应较大，同时沉降中心不断由西向东迁移。以海安凹陷为例，古近纪沉降中心在海安县西南侧，新近纪沉降中心东迁至三仓镇一带，而第四纪沉降中心又进一步东移至弶港一带，反映了由西向东掀斜沉降的新构造活动特征。

表3-1　洋口港及邻区古近纪以来沉降幅度一览表

次级构造单元	位置及钻孔编号	古近系厚度(m)	新近系厚度(m)	第四系厚度(m)	备注
海安凹陷	洋口镇洋口外闸(RYK1)	>207.16	562	304	区内
	如东县栟茶镇(如1)	未知	>499.05	276	工作区西侧
	如东县河口镇(如2)	262	602	274	工作区西侧
丁埝隆起	凌民社区(ZKA2)	未知	±626.9	273.1	区内
	苴镇金凤村(ZKA3)	未知	700.19	293.81	区内
	如东县新店镇(如3)	0	265	281	工作区西侧
通州隆起	华丰社区(ZKA5)	0	140.75	266.55	区内

洋口港地区南部的十总镇、环本农场一带，古近纪至新近纪早期为隆升剥蚀区。新近纪晚期开始沉降并接受堆积，沉积范围由北向南逐步扩大，沉积厚度逐渐增厚，亦表现出由南向北掀斜沉降的特征。

除上述特征外，本区第四纪以来差异性升降活动还表现为由北向南的掀斜沉降，使第四纪沉降中心由洋口港地区北侧三仓、弶港一带南迁至区内洋口、北坎镇一带，迫使古长江主河道不断南移。

2. 古断裂的继承性活动

新近纪以来一些古断裂有继承性活动,它们对地震的发生、孕育以及地震活动的时空展布起着明显的控制作用。洋口港地区较重要的活动性断裂主要有北东向和北西向两组。

1) 南通-大埠子断裂

该断裂经马塘镇,至洋口港西北侧入海域,区内长约15km。经物探资料解译及浅层地震反射波证实,该断裂为新生代以来的活动断裂,其活动影响至晚更新世早期地层。沿该断裂有地震活动。

2) 蹲门口-洋口港断裂

该断裂经洋口港、小洋口以东海域,沿北西向延伸至蹲门口海域,区内长约55km。据地震资料,沿该断裂地震明显呈带状分布,证实其为一条燕山晚期至喜马拉雅早期强烈活动,并在近期仍有活动的区域性断裂。其影响范围涉及洋口港等多处港口区,是一条不可忽视的活动性断裂构造。

3. 地震

洋口港地区位于长江中下游-南黄海地震带(图3-1)。陆域地震频度低,强度弱,历史上没有发生过破坏性地震,记载的有感地震烈度一般都在Ⅵ度以下,为浅源构造地震,震源深度多为10~20km,属壳内残源地震。潜在震源区震级上限为5.5级。1969—1986年记录南通境内地震28次,皆为2级以下小震,在区内主要沿北东向南通-大埠子断裂、北西向蹲门口-洋口港断裂分布。

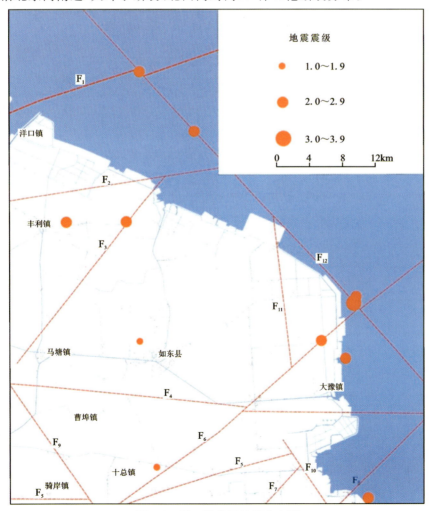

图3-1 洋口港地区地震分布图

与陆域相比，海域地震频发，且震级较高。1984年5月21日，南黄海6.2级地震，对南通地区影响烈度为Ⅴ度强。1996年11月9日，南黄海6.1级地震，对南通地区影响烈度为Ⅵ度强。2003年3月23日，南黄海发生4.9级地震。2006年8月21日，南黄海海域发生3.8级地震。2010年7月9日和7月19日，工作区东北侧海域（北纬32°30′，东经121°36′）均发生3.8级地震，震源深度分别为18km、5km。2011年1月12日，工作区东北侧南黄海（北纬33°18′，东经123°54′）发生5.0级地震，震源深度10km。2014年1月18日，如东县附近海域（北纬33°24′，东经121°36′）发生3.7级地震，震源深度10km。

五、工程地质条件

洋口港地区第四纪地层埋深一般为300m左右，由于第四纪地层严格控制着孔隙水含水层水文地质条件，本区300m以浅的含水层分为潜水、第Ⅰ承压水、第Ⅱ承压水、第Ⅲ承压水共4个含水层（组）。

根据《岩土工程勘察规范》（GB 50021—2001），场地环境类型为Ⅱ类。根据本次水文地质调查采集的地表水及潜水水样分析，并结合收集的工作区工程勘察资料，进行了建筑材料的腐蚀性评价。经判别：浅层地下水对混凝土结构具微腐蚀性或弱腐蚀性；在干湿交替条件下对钢筋混凝土结构中的钢筋具弱腐蚀性或中等腐蚀性；在长期浸水的条件下具微腐蚀性；地表水（海水）对混凝土结构、钢结构具中等腐蚀性；对钢筋混凝土结构中的钢筋在长期浸水的条件下具弱腐蚀性，在干湿交替的情况下具强腐蚀。

第二节　岩土体工程地质

一、地表岩土体类型及其分布

地表土体的地层为全新统如东组上段，成因类型为海相沉积和湖沼相沉积。

据槽型钻资料表明：地表约3m以浅，大致以省道S221为界，除去上覆回填土层，以东主要为灰黄色—青灰色砂质粉土；以西以灰黄色—黄褐色黏质粉土为主，局部为粉质黏土，以下见青灰色粉土、粉砂层（图3-2）。青灰色粉土、粉砂层埋深为1~3m不等，且垂直于海岸线自西向东呈变浅的趋势，至新海堤外侧潮间带，该层直接暴露于地表。

二、岩土体工程地质层组划分

工程地质岩层组的划分是地质模型概化和岩土体质量评价的基础。对岩石工程进行岩体质量评价时，首先需要进行工程地质岩组的划分。当大型工程大范围揭露土体，其土层较多、土体类型变化比较复杂时，也同样有一个土体工程地质层组的概化问题。

工程地质层组的划分依据主要考虑：①沉积年代；②成因类型与沉积环境；③物质成分与结构特征；④工程特性指标。因为不同年代和成因类型的土体，即使物理力学指标相近，工程特性可能相差悬殊；不同土性所要分析的参数和评价方法不同；时代、成因类型以及岩性与结构特征相同的土体，其工程特性也可能在空间上变化较大。

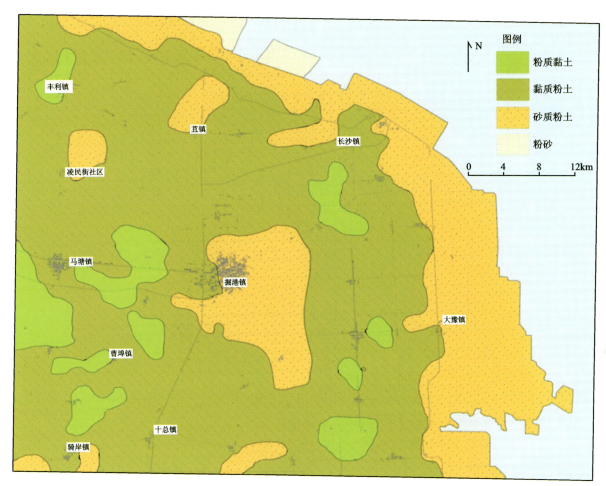

图 3-2 地表土体岩性类型分布图

首先,按组成区内 50m 以内土体的工程物理力学性质的不同,将土体按工程地质性质分为软黏性土、硬黏性土和砂性土 3 类土层。其次,在同一类土层中根据其生成时代的先后,并结合沉积相,由新至老按顺序编列,将土层进一步划分为第一软黏性土层(简称第一软土层)、第二软黏性土层(简称第二软土层)、第一硬黏性土层(简称第一硬土层)、第二硬黏性土层(简称第二硬土层)、第一砂性土层(简称第一砂层)、第二砂性土层(简称第二砂层)等若干工程地质层。

软土层是指天然孔隙比大于或等于 1.0,且天然含水量大于液限的细粒土层(包括淤泥、淤泥质土、泥炭、泥炭质土等)。沉积时代较新,本区涉及的软土层为淤泥质粉质黏土,把流塑-软塑状的粉质黏土及粉质黏土与粉砂互层(流塑-软塑)也划分为软土类型。

硬土层是指天然含水量较低($W<30\%$),液性指数较小($I_L<0.5$),呈可塑至硬塑状态的黏性土层。

砂层是指粉砂、细砂层及大部分粉土层。滨海—河口三角洲地区沉积物颗粒细,沉积条件特殊,往往构成是粉砂、粉土夹薄层粉质黏土沉积物。按颗粒分析资料定名时,常因黏粒含量偏高而被定为粉土,但其分布规律、成因类型与工程物理力学性质[饱和、内聚力小、内摩擦角大、中等偏低压缩性、标贯($N63.5$)及静探(P_s)值大、结构松散、易产生流沙和液化等性质]更接近于粉砂层,故将区内粉土层划为砂性土,这样更能正确反映其分布规律和工程地质特征。

黏性土状态、粉土湿度、砂性土密实度以及土体压缩性指标划分标准参照《岩土工程勘察规范》(GB 50021—2001),见表 3-2~表 3-5。

表 3-2 黏性土状态划分标准表

液性指数 I_L	$I_L>1$	$1\geqslant I_L>0.75$	$0.75\geqslant I_L>0.25$	$0.25\geqslant I_L>0$	$I_L\leqslant 0$
状态	流塑	软塑	可塑	硬塑	坚硬

表 3-3 粉土湿度分类表

含水量 W	湿度
$W<20\%$	稍湿
$20\%\leqslant W\leqslant 30\%$	湿
$W>30\%$	很湿

表 3-4 砂性土密实度划分标准表

标准贯入击数 N	$N\leqslant 10$	$10<N\leqslant 15$	$15<N\leqslant 30$	$N>30$
密实度	松散	稍密	中密	密实

表 3-5 土体压缩性划分标准表

压缩系数 $a_{1\text{-}2}$(MPa^{-1})	$a_{1\text{-}2}\geqslant 0.5$	$0.1\leqslant a_{1\text{-}2}<0.5$	$a_{1\text{-}2}<0.1$
压缩性	高	中等	低

按照此划分原则,将洋口港地区陆域和潮间带 50m 以浅土体划分为 6 个工程地质层、17 个亚层(表 3-6),并在垂直和平行于海岸线方向绘制了 6 条工程地质剖面图(图 3-3～图 3-9)。

表 3-6 洋口港地区工程地质层序表

地层				工程地质层		岩性	工程地质描述	分布范围	厚度(m)	底板标高(m)	沉积环境
统	组	段	代号	层	亚层						
全新统	如东组	上段	Qhr^3	①		回填土	灰褐色—黄褐色,以素填土为主,表层约 20cm 含植物根系,局部为杂填土,新围垦滩涂区为冲填土	普遍分布	0.26～4.00	0.27～4.64	人工
				②	②1	粉质黏土	灰黄色—黄褐色,软塑—可塑状,局部含铁锰质结核或被铁质浸染,压缩性中等	工作区西南马塘镇—骑岸镇一带	0.70～4.00	-0.92～2.60	三角洲平原
					②2	粉土	灰黄色—黄褐色,湿,稍密,含铁锰质结核或被铁质浸染	普遍分布	0.34～4.92	-2.11～2.28	
		中段	Qhr^2	③	③1	粉土夹粉砂	青灰色—灰色,湿,稍密—中密,局部夹粉砂薄层	普遍分布	1.55～13.50	-13.42～-0.27	三角洲前缘
					③1-1	淤泥质粉质黏土	灰黑色,具腥臭味,流塑,压缩性高,以透镜体状夹于粉土中	零星分布	1.95～3.20	-9.93～-6.20	
					③2	粉砂	青灰色,饱和,松散—稍密,含云母碎片,见白色贝壳,局部夹粉土薄层	普遍分布	2.75～23.45	-23.08～-5.30	

续表 3-6

地层				工程地质层		岩性	工程地质描述	分布范围	厚度(m)	底板标高(m)	沉积环境
统	组	段	代号	层	亚层						
全新统	如东组	中段	Qhr^2	③	③2-1	淤泥质粉质黏土	灰黑色,具腥臭味,流塑,压缩性高,以透镜体夹于粉土中	主要分布于长沙镇潮下带和兵房镇潮间带	0.85～11.00	−25.73～−6.71	三角洲前缘
					③2-2	粉质黏土与粉砂互层	深灰色,极湿,近饱和,软塑,层理发育,以粉质黏土为主,夹薄层粉砂或互层,呈"千层饼"状,压缩性较高	主要分布于沿海的兵房镇、长沙镇及苴镇东部一带	2.00～13.43	−23.08～−8.80	
					③2-3	粉土	青灰色—深灰色,稍密—中密,摇振反应迅速,局部夹薄层粉砂	工作区局部分布	3.00～12.28	−20.66～−12.20	
					③3	粉砂	青灰色,饱和,中密,含云母碎片,见白色贝壳,局部夹粉土薄层	普遍分布	2.15～24.20	−37.60～−14.95	
					③3-1	粉土	青灰色,饱和,中密,夹薄层粉砂	工作区局部分布	2.05～14.50	−32.22～−17.20	
		下段	Qhr^1	④	④1	粉质黏土	深灰色—灰黑色,流塑—软塑,局部为近淤泥质粉质黏土,压缩性较高	主要分布于工作区潮间带,陆域零星分布	1.93～16.00	−46.71～−15.07	前三角洲
					④2	粉质黏土与粉砂互层	灰色,软塑—可塑,层理发育,与粉砂互层,呈"千层饼"状,压缩性中等	主要分布于工作区北西部的丰利镇—苴镇一带及兵房镇的零星地区	3.24～10.74	−31.80～−22.25	
上更新统	滆湖组	上段	Qpg^3	⑤		粉质黏土	暗绿色、黄褐色—棕褐杂色,可塑—硬塑,含大量铁锰质结核及被铁质浸染,压缩性中等	工作区大部分地区均有分布,南部骑岸镇—兵房镇及北部丰利镇环东村—何丫村沿海一带缺失	0.45～6.78	−33.71～−25.40	泛滥平原
		中段	Qpg^2	⑥	⑥1	粉土	灰色,密实,局部夹粉砂	局部分布	2.02～16.37	−47.83～−28.40	三角洲前缘
					⑥2	粉质黏土夹粉砂	深灰色,流塑—可塑,干强度及韧性中等,压缩性中等,夹薄层粉细砂	零星分布	4.18～19.42	−46.49～−35.00	
					⑥3	粉细砂	灰色,饱和,密实,组分以粉砂为主,含少量细砂,矿物成分为石英、长石和云母	普遍分布	未揭穿		

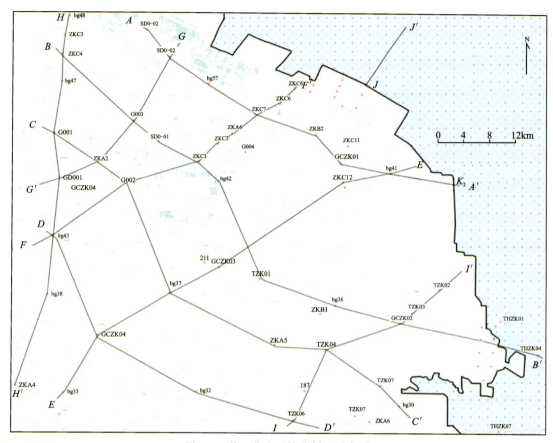

图 3-3 洋口港地区钻孔剖面展布图

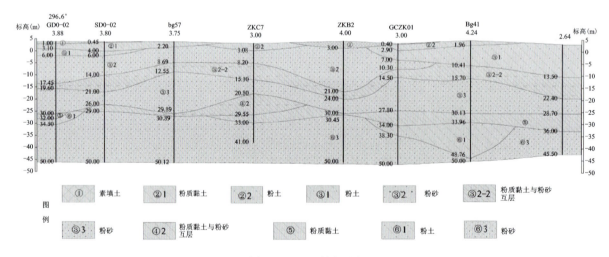

图 3-4 A—A′剖面图

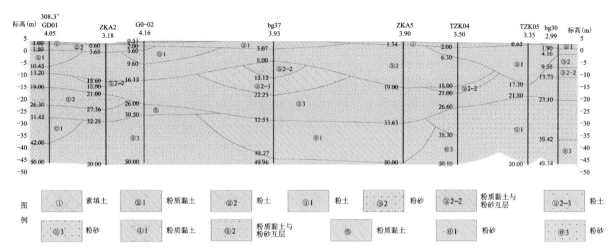

图 3-5 C—C′剖面图

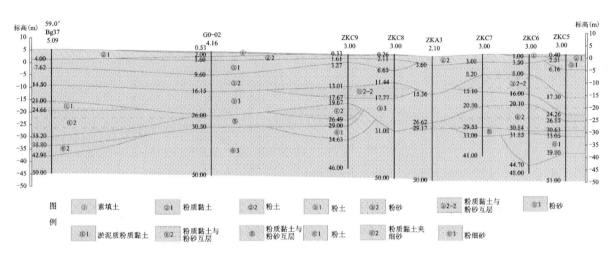

图 3-6 F—F′剖面图

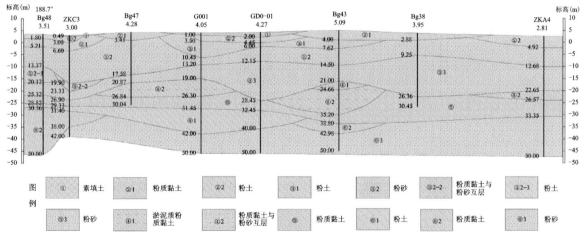

图 3-7 H—H′剖面图

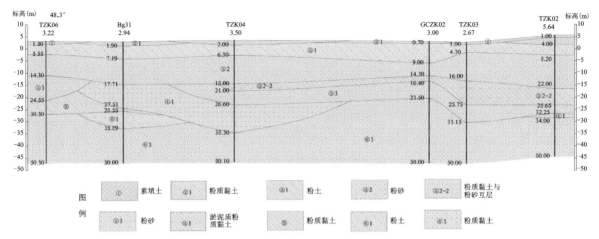

图 3-8　I—I′剖面图

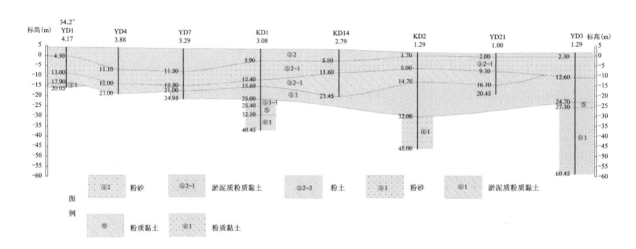

图 3-9　黄海大桥 J—J′剖面图

三、岩土体工程地质特征

综合考虑各工程地质层的条件、厚度、埋深及物理力学性质(表 3-6、表 3-7),并结合工作区工程建设特点,对其工程地质特征分析如下。

1. ①层回填土层

以素填土为主,岩性为粉土和粉质黏土,灰褐色,表层约 20cm 含植物根系,局部为杂填土,夹建筑垃圾或生活垃圾,新围垦滩涂区为冲填土,以粉土为主,粉砂次之。该层土质不均,松散,工程地质条件差,工程建设中属开挖土层,未经处理不宜作为天然地基持力层。

2. ②1 层粉质黏土

灰黄色—黄褐色,软塑—可塑状,一般厚约 0.70～4.00m,层底标高 −0.92～2.60m,主要分布在马

表 3-7 洋口港地区岩土体物理力学性质指标统计表

工程地质层	亚层	物质性质									压缩系数 a_{1-2} (1/MPa^{-1})	压缩模量 E_{s1-2} (MPa)	直剪试验			固结快剪		三轴剪切 UU		颗粒组分		
		天然含水率 W (%)	密度 ρ_0 (g/m³)	干密度 ρ_d (g/m³)	相对密度 G_s	天然孔隙比 e	饱和度 S_r (%)	塑性指数 I_p	液性指数 I_L				黏聚力 C_q (快剪) (kPa)	内摩擦角 φ_q (快剪) (°)	黏聚力 C_q (kPa)	内摩擦角 φ_q (°)	黏聚力 C_{uu} (kPa)	内摩擦角 φ_{uu} (°)	0.075~0.25mm (%)	0.005~0.075mm (%)	<0.005mm (%)
②	②1	29.23	1.89	1.46	2.72	0.85	92.90	11.20	0.85	0.32	6.17	15.53	17.67	16.20	28.70	—	—	—	—	—
	②2	25.90	1.98	1.58	2.70	0.72	97.43	9.70	0.83	0.14	12.11	12.60	26.40	13.00	29.13	—	—	2.53	13.35	7.55
③	③1	26.83	1.96	1.55	2.69	0.74	97.46	8.39	0.86	0.13	13.75	13.20	27.02	12.45	28.60	—	—	25.90	24.82	5.66
	③1-1	36.65	1.86	1.36	2.72	0.99	98.50	11.50	1.29	0.51	4.14	22.00	11.25	—	—	—	—	—	—	—
	③2	25.13	1.97	1.58	2.68	0.70	95.50	—	—	0.14	12.34	7.20	31.07	—	—	—	—	53.60	40.80	5.60
	③2-1	38.82	1.90	1.48	2.71	1.01	95.80	12.12	1.44	0.57	4.51	—	—	14.830	16.70	20.68	19.80	—	—	—
	③2-2	23.60	2.03	1.64	2.70	0.64	99.00	5.58	0.65	0.11	14.95	—	—	—	—	—	—	—	—	—
	③2-3	25.00	1.94	1.55	2.69	0.74	93.70	9.60	0.61	0.13	11.94	16.50	29.40	17.60	30.50	—	—	25.00	1.94	2.69
	③3	24.52	1.97	1.58	2.68	0.69	94.66	—	—	0.17	10.63	6.65	32.04	—	—	—	—	63.10	3.50	21.60
	③3-1	19.80	1.97	1.50	2.30	0.54	94.00	7.20	0.21	0.15	8.32	14.00	23.00	—	—	—	—	19.40	76.30	4.30
④	④1	35.20	1.86	1.37	2.72	1.00	99.00	13.65	1.13	0.51	4.42	25.72	15.41	17.30	13.65	18.45	3.55	—	—	—
	④2	34.40	1.97	1.54	2.71	0.95	98.70	13.5	1.19	0.40	5.466	6.65	26.00	15.06	17.30	43.10	7.53	—	—	—
⑤		26.92	1.99	1.57	2.73	0.74	98.50	14.26	0.52	0.31	6.56	25.72	15.41	39.85	13.95	—	—	25.10	68.80	6.10
⑥	⑥1	24.57	1.95	1.54	2.70	0.63	94.80	8.40	0.89	0.19	9.28	18.20	26.00	17.08	25.90	—	—	—	—	—
	⑥2	33.10	1.92	1.38	3.01	1.00	98.00	15.60	0.78	0.62	2.83	15.00	1.70	—	—	20.00	1.30	—	—	—
	⑥3	22.73	2.01	1.64	2.68	0.63	96.10	—	—	0.15	10.86	6.17	32.43	—	—	—	—	72.20	5.20	22.60

注：表中所有数据均为统计平均值。

塘镇—骑岸镇一带,在九总社区至长盛村、大同村至团结村以东、保田村以南、马店村以南及丰利镇以西亦有成片分布。

该土层俗称"硬壳层",土质较好,压缩性中等,工程地质条件一般,可作为体型较小的轻型建(构)筑物的天然地基持力层。

3. ②2 层粉土

灰黄色—黄褐色,稍密,压缩性中等,一般厚 0.34～4.92m 左右,层底标高－2.11～2.28m,自西向东有逐渐变薄的趋势,工作区内广泛分布。

该层埋深浅,分布较稳定,工程地质条件一般,可作为民用建筑天然地基持力层。

4. ③1 层粉土夹粉砂

青灰色—灰色,稍密—中密,一般厚 1.55～13.50m,层底标高－13.42～－0.27m,工作区内普遍分布。

该层分布稳定,压缩性中等,地下工程开挖至该层时,在水头压力作用下易形成流土、流砂,在滩涂围垦区易液化,工程地质条件较差,未经处理不能用作基础持力层。

5. ③1-1 层淤泥质粉质黏土

灰黑色,流塑,具腥臭味,压缩性高,一般厚 1.95～3.20m,底板标高－9.93～－6.20m,以透镜体状夹于粉土层中,零星分布于掘港镇港南村及长沙镇金凤村一带。

该层具有含水量高、孔隙比大、压缩性高等特点,为不良工程地质层,工程地质条件差。

6. ③2 层粉砂

青灰色,饱和,松散—稍密,分选性好,含云母碎片,见白色贝壳,局部夹粉土薄层,厚 2.75～23.45m,层底标高－23.08～－5.30m,标贯大都小于 15 击,此层在全区均有分布。

该层分布稳定,压缩性中等,地下工程开挖至该层时,在水头压力作用下易形成流砂,局部地区易液化,工程地质条件较差,未经处理不能用作基础持力层。

7. ③2-1 层淤泥质粉质黏土

灰黑色,饱和,流塑,具腥臭味,压缩性高,层厚 0.85～11.00m,层底标高－25.73～－6.71m,主要分布于长沙镇潮下带和兵房镇潮间带。

该层厚度变化较大,土质不均,具有含水量高、孔隙比大、压缩性高等特点,为不良工程地质层,工程地质条件差。

8. ③2-2 层粉质黏土与粉砂互层

深灰色,近饱和,软塑,层理发育,以粉质黏土为主,与粉砂互层,呈"千层饼"状,压缩性较高,层厚 2.00～13.43m,层底标高－23.08～－8.80m,平行于海岸线展布,自西向东层厚增加,主要分布于沿海的长沙镇和兵房镇及苴镇东部一带。

该层厚度变化较大,土质不均,具有含水量高、孔隙比大、压缩性高等特点,为不良工程地质层,工程地质条件较差。

9. ③2-3 层粉土

青灰色,深灰色,中密,压缩性中等,局部含粉砂薄层,层厚 3.00～12.28m,层底标高 －20.66～－12.20m,主要分布于长沙镇潮间带、兵房镇东侧滩涂围垦区及掘港镇至曹埠镇一带。

该层局部分布,仅在个别钻孔出现,不具备作为桩基础持力层的条件。

10. ③3 层粉砂

青灰色,饱和,中密,分选性好,含云母碎片,见白色贝壳,局部夹粉土薄层。厚 2.15～24.20m,层底标高－37.60～－14.95m,标贯 20～40 击,此层在全区普遍分布。

该层分布稳定,压缩性中等,工程地质条件较好,可用作轻荷载的地层、多层居住建筑及一般轻型工业建筑物的桩基础持力层。

11. ③3-1 层粉土

青灰色,饱和,中密,标贯小于 30 击,厚 2.05～14.50m,层底标高－32.22～－17.20m,主要分布于兵房镇东侧的滩涂围垦区。

该层局部分布,压缩性中等,仅在个别钻孔出现,不具备作为桩基础持力层的条件。

12. ④1 层粉质黏土

深灰色—灰黑色,流塑—软塑,局部为近淤泥质粉质黏土,压缩性高,层厚 1.93～16.00m,层底标高－46.71～－15.07m,在滩涂围垦区及潮间带厚度较大,主要分布于工作区潮间带,陆域零星分布。

该层具厚度变化较大、含水量高、孔隙比高、压缩性高等特点,为不良工程地质层,工程地质条件差。

13. ④2 层粉质黏土与粉砂互层

灰色,软塑—可塑,层理发育,与粉砂互层,呈"千层饼"状,压缩性中等,层厚 3.24～10.74m,层底标高－31.80～－22.25m,主要分布于西北部的丰利镇—苴镇一带及兵房镇的零星地区。

该层具含水量高、孔隙比高、压缩性高等特点,为不良工程地质层,工程地质条件较差。

14. ⑤层粉质黏土

暗绿色、黄褐色—棕褐杂色,可塑—硬塑,干强度和韧性高,含大量铁锰质结核及被铁质浸染。层厚 0.45～6.78m,层底标高－33.71～－25.40m,在工作区大部分地区均有分布,在南部的骑岸镇—兵房镇及北部的丰利镇环东村—何丫村沿海一带缺失。硬质黏土层分布见图 3-10。

该层为全区最好的黏土层,即长江三角洲地区普遍存在的"第一硬土层",局部古河谷区缺失。该层压缩性中等,土性较好,可作为多层建筑的桩基持力层。

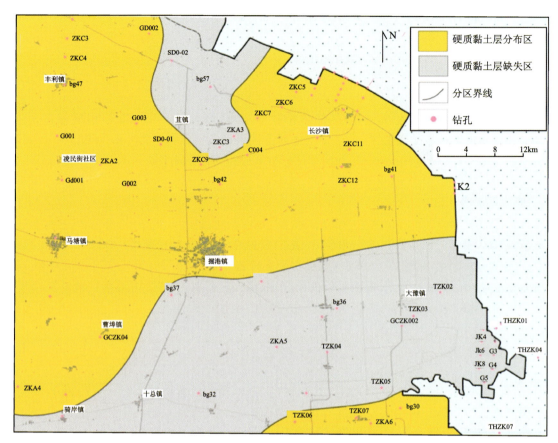

图 3-10 硬质黏土⑤层分布图

15. ⑥$_1$ 层粉土

灰色,饱和,中密—密实,局部夹粉砂薄层,层厚 2.02~16.37 m,层底标高 −47.83~−28.40 m,在工作区局部分布。

该层压缩性中等,工程地质条件较好,可作为高层建筑的良好桩基持力层。该层亦为第Ⅰ承压水层,深部地下空间开发时有引发水土突涌的可能性。

16. ⑥$_2$ 层粉质黏土夹粉砂层

深灰色,流塑—可塑,干强度及韧性中等,层厚 4.18~19.42 m,层底标高 −46.49~−35.00 m,分布在丰利镇西北部,在马塘镇亦有零星分布。

该层零星分布,压缩性中等,仅在个别钻孔出现,不具备作为桩基础持力层的条件。

17. ⑥$_3$ 层粉细砂层

灰色,饱和,密实,以粉砂为主,含少量细砂,标贯击数大于 30 击,矿物成分为石英、长石及云母,未见底,工作区普遍分布。

该层压缩性中等,工程地质条件较好,可作为高层建筑和市政桥梁工程的良好桩基持力层。该层亦为第Ⅰ承压水,深部地下空间开发时有引发水土突涌的可能性。

四、主要持力层评价

根据工作区各工程地质层特性进行综合分析(表3-8、表3-9),对洋口地区50m以浅各工程地质层进行评价,主要持力层为第②2、③3、⑤、⑥3等工程地质层,可根据建筑要求的不同需要选择合适的持力层作为拟建建(构)筑物的天然地基、桩基础持力层。其余工程地质层因具有分布范围较小且不连续、压缩性高等特征,不宜作为工作区内工程建设持力层。

表3-8　各持力层双桥静力触探试验统计表

层号	岩土层名称	锥尖阻力(MPa)		侧阻力(kPa)		摩阻比(%)
		平均值	标准值	平均值	标准值	平均值
②2	粉土	2.29	1.90	32.70	28.40	1.90
③3	粉砂	5.58	5.31	67.80	65.60	1.50
⑤	粉质黏土	1.94	1.78	57.30	52.60	3.10
⑥3	粉细砂	7.75	7.45	90.10	85.50	1.20

表3-9　各持力层承载力[①]参考值表　　　单位:kPa

土层编号	土层名称	物理力学性质确定承载力值	抗剪强度[②]确定承载力值	静力触探试验确定承载力值	标准贯入试验确定承载力值	承载力参考值
②2	粉土	190	180	130	—	130
③3	粉砂	—	—	177	190	175
⑤	粉质黏土	230	185	175		170
⑥3	粉细砂	—	—	200	270	200

注:①承载力指标为平均值。
　　②抗剪强度指标计算中基础地面宽度取3m,埋置深度按0.5m考虑。

1. 第一持力层

②2层粉土:该层在工作区广泛分布,灰黄色—黄褐色,稍密,压缩性中等,一般厚0.34~4.92m,层底标高-2.11~2.28m,承载力特征值为130kPa,工程地质条件一般,可作为民用建筑天然地基持力层。

2. 第二持力层

③3层粉砂:此层全区普遍分布,青灰色,饱和,中密—密实,压缩性中等,分选性好,含云母碎片,见白色贝壳,局部夹粉土薄层。厚2.15~24.20m,层底标高-37.60~-14.95m,标贯20~40击,承载力特征值为177kPa。该层分布稳定,工程地质条件较好,可用作轻荷载的地层、多层居住建筑及一般轻型工业建筑物的桩基础持力层。

3. 第三持力层

⑤层粉质黏土:工作区大部分地区均有分布,在古河道处缺失,暗绿色、黄褐色—棕褐杂色,可塑—

硬塑,压缩性中等,干强度和韧性高,含大量铁锰质结核及被铁质浸染。层厚0.45～6.78m,层底标高-33.71～-25.40m,承载力特征值为175kPa。该层土性较好,可作为多层建筑的桩基持力层。

4. 第四持力层

⑥3层粉细砂层:工作区普遍分布,饱和,密实,压缩性中等,以粉砂为主,含少量细砂,未揭穿,标贯击数大于30击,承载力特征值为200kPa。该层工程地质条件较好,可作为高层建筑和市政桥梁工程的良好桩基持力层。该层亦为第Ⅰ承压水层,深部地下空间开发时有引发水土突涌的可能性。

根据室内土工试验及原位测试成果,参照《建筑地基基础设计规范》(GB 50007—2011),并结合地区经验,各持力层承载力参考值见表3-9。

五、不良地质体

区内主要不良地质体类型为软土和易液化砂土。

1. 饱和粉土、液化砂土

据《建筑抗震设计规范》(GB 50011—2010),勘察场地的抗震设防烈度为Ⅶ度,设计基本地震加速度值为0.10g,设计地震分组为第二组。对场地内20m以内分布有③1、③2、③2-3、③3层全新统饱和粉土、粉砂,采用标准贯入试验法进行液化判别,判别结果表明:③1、③2为可液化土层,液化指数0～4.69,场地液化等级为不液化—轻微液化。

2. 软土

工作区内50m以浅发育有③1-1层淤泥质粉质黏土、③2-1层淤泥质粉质黏土、③2-2层粉质黏土与粉砂互层、④1层粉质黏土、④2层粉质黏土与粉砂互层。各层分述如下。

1) ③1-1层淤泥质粉质黏土

灰黑色,流塑,具腥臭味,压缩性高,一般厚1.95～3.20m,层底标高-9.93～-6.20m,以透镜体状夹于③1粉土层中,零星分布于掘港镇港南村及长沙镇金凤村一带。主要力学指标:$W=36.65\%$,$e=0.99$,$I_p=11.50$,$I_L=1.29$,$a_{1-2}=0.51\text{MPa}^{-1}$,$E_{s1-2}=4.14\text{MPa}$,$C_q=22\text{kPa}$,$\varphi_q=11.25°$,承压力特征值为85kPa。

2) ③2-1层淤泥质粉质黏土

灰黑色,饱和,流塑,具腥臭味,压缩性高,层厚0.85～11.00m,层底标高-25.73～-6.71m,主要分布于长沙镇洋口港潮间带及兵房镇东侧滩涂围垦区,在陆域长沙镇北坎村亦有分布。主要力学指标:$W=38.82\%$,$e=1.01$,$I_p=12.12$,$I_L=1.44$,$a_{1-2}=0.57\text{MPa}^{-1}$,$E_{s1-2}=4.51\text{MPa}$,$C_q=14.83\text{kPa}$,$\varphi_q=16.7°$,承压力特征值为80kPa。

3) ③2-2层粉质黏土与粉砂互层

深灰色,近饱和,软塑,层理发育,以粉质黏土为主,与粉砂互层,呈"千层饼"状,压缩性较高,层厚2.00～13.43m,层底标高-23.08～-8.80m,平行于海岸线展布,自西向东层厚增加,主要分布于沿海的长沙镇和兵房镇及苴镇东部一带。主要力学指标:$W=23.6\%$,$e=0.64$,$I_p=5.58$,$I_L=0.65$,$a_{1-2}=0.11\text{MPa}^{-1}$,$E_{s1-2}=14.95\text{MPa}$,$C_q=12.66\text{kPa}$,$\varphi_q=19.8°$,承压力特征值为90kPa。

4)④1层粉质黏土

深灰色—灰黑色,流塑—软塑,局部为近淤泥质粉质黏土,压缩性高,层厚1.93～16.00m,层底标高－46.71～－15.07m,在滩涂围垦区及潮间带厚度较大,主要分布于通州湾一带及马塘镇局部地区。主要力学指标:$W=35.2\%$,$e=1.00$,$I_p=13.65$,$I_L=1.13$,$a_{1-2}=0.51\text{MPa}^{-1}$,$Es_{1-2}=4.42\text{MPa}$,$C_q=11.90\text{kPa}$,$\varphi_q=3.55°$,承压力特征值为90kPa。

5)④2层粉质黏土与粉砂互层

深灰色,软塑—可塑,层理发育,与粉砂互层,呈"千层饼"状,压缩性中等,层厚3.24～10.74m,层底标高－31.80～－22.25m,主要分布于西北部的丰利镇—苴镇一带及兵房镇的零星地区。主要力学指标:$W=34.4\%$,$e=0.95$,$I_p=13.5$,$I_L=1.13$,$a_{1-2}=0.51\text{MPa}^{-1}$,$Es_{1-2}=4.42\text{MPa}$,承压力特征值为95kPa。

第三节 工程地质综合评价

一、工程地质分区

工程地质分区原则主要考虑地壳稳定性、地貌单元、成因类型、岩土体结构特征及主要环境工程地质问题等各方面的因素。考虑到本区地壳稳定性的均一性,地貌类型能较好体现区内地基土层的变化特征。因此,一级分区以地貌类型为依据,共分为海积平原工程地质区(Ⅰ)、三角洲平原工程地质区(Ⅱ)、古潟湖积平原工程地质区(Ⅲ)和滩涂围垦工程地质区(Ⅳ)。在一级分区的基础上,结合岩土体空间结构类型进行二级分区。按照此原则,全区共分为10个工程地质一级分区或亚区(图3-11)。

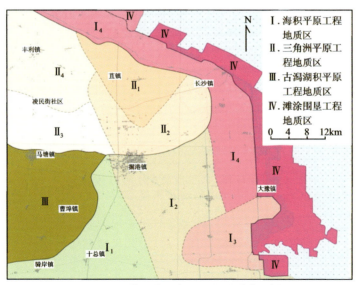

图3-11 洋口港重点区工程地质分区图

二、工程地质分区评价

综合考虑区内工程地质条件、工程地质特征及其存在的环境工程地质问题,进行工程地质综合评价。各工程地质分区的地层结构及工程条件评价见表3-10。

表 3-10 工程地质分区及评价表

工程地质分区		50m 以浅土体结构类型	工程地质特征及条件评述	可能存在的工程地质问题
区	亚区			
海积平原工程地质区（Ⅰ）	Ⅰ₁	以②2、③2、③3、⑥1、⑥3层为主	本区最大的特点是砂层厚度大，广泛大于30m，砂层在标高-5m以上为稍密，-15m以下即为密实，为古长江的入海口，无软土地层，缺失硬质黏土⑤层，以密实的⑥1粉土层为主。工程地质条件优良	在干湿交替条件下地下水对钢筋混凝土结构中的钢筋具弱腐蚀性，基坑开挖时易产生工程流砂
	Ⅰ₂	以②2、③1、③2、③2-2、③3、⑥1、⑥3层为主	本区砂层厚度大，平均大于30m，粉砂层在标高-5m以上为松散状态，-15～-5m为稍密至中密状态，在-15m以下为中密状态，N>20击，粉砂层夹软土层粉质黏土与粉砂互层③2-2层，埋深在15m左右；普遍缺失第一硬质黏土层⑤层；粉砂层下为中密的粉土⑥1层，一般在-35m以下。工程地质条件良好	软土地层易引起地面不均匀沉降，在干湿交替条件下地下水对钢筋混凝土结构中的钢筋具弱腐蚀性，基坑开挖时易产生工程流砂
	Ⅰ₃	以①、②2、③1、③2、③2-2、③3、④2、⑥3层为主	本区存在③2、③3、⑥3三个砂层，③2-2、④2两个软土层，普遍缺失硬质黏土⑤层，工程地质条件一般	软土地层易引起地面不均匀沉降。在干湿交替条件下地下水对钢筋混凝土结构中的钢筋具弱腐蚀性，基坑开挖时易产生工程流砂
	Ⅰ₄	以②2、③1、③2、③2-1、③2-2、③3、④2、⑤、⑥1、⑥3层为主	普遍存在第一软土层淤泥质粉质黏土与粉砂互层③2-2层，北部、西北部存在第二软土层④2层，局部存在硬质黏土⑤层，砂层厚度较大，③1、②2砂层易液化，工程地质条件较差	砂土易液化，软土层易引起地面不均匀沉降，地下水对建筑物混凝土结构具微—弱腐蚀性，在干湿交替条件下地下水对钢筋混凝土结构中的钢筋具弱—中等腐蚀性，基坑开挖时易产生工程流砂
三角洲平原工程地质区（Ⅱ）	Ⅱ₁	以②2、③1、③2、③2-2、③3、④2、⑥3层为主	存在③2-2、④2两个软土层，缺失硬质黏土⑤层，20m以浅砂层易液化，工程地质性能较差	砂土易液化，软土地层易引起地面不均匀沉降，地下水对建筑物混凝土结构具微腐蚀性，在干湿交替条件下地下水对钢筋混凝土结构中的钢筋具弱腐蚀性，基坑开挖时易产生工程流砂
	Ⅱ₂	以②2、③1、③2、③2-2、③3、⑤、⑥3层为主	砂层较厚，第一砂层③2底板标高-15～-10m，底板平缓，稍密—中密，砂层不液化，存在一个软土薄层③2-2，存在硬质黏土⑤层。工程地质条件一般	软土层易引起地面不均匀沉降，在干湿交替条件下地下水对钢筋混凝土结构中的钢筋具弱腐蚀性，基坑开挖时易产生工程流砂
	Ⅱ₃	以②2、③1、③2、⑤、⑥1、⑥3层为主	本区砂层较厚，存在⑤硬质黏土层，无软土层，砂土不液化，工程地质条件良好	在干湿交替条件下地下水对钢筋混凝土结构中的钢筋具弱腐蚀性，基坑开挖时易产生工程流砂
	Ⅱ₄	以②2、③1、③2、④2、⑤、⑥1、⑥2层为主	存在粉质黏土层，砂土不液化，工程地质条件一般	软土地层易引起地面不均匀沉降，在干湿交替条件下地下水对钢筋混凝土结构中的钢筋具弱腐蚀性，基坑开挖时易产生工程流砂

续表 3-10

工程地质分区		50m 以浅土体结构类型	工程地质特征及条件评述	可能存在的工程地质问题
区	亚区			
古潟湖积平原工程地质区（Ⅲ）		以②1、③1-1、③2、③3、④1、④2、⑤、⑥2、⑥3 层为主	本区最大的特点是黏土层较厚，砂层较薄，存在软土层，地表土以黄褐色粉质黏土②1层为主，软塑—可塑，下伏淤泥质粉质黏土③1-1，工程地质条件较差	软土地层易引起地面不均匀沉降，在干湿交替条件下地下水对钢筋混凝土结构中的钢筋具弱腐蚀性，基坑开挖时易产生工程流砂
滩涂围垦工程地质区（Ⅳ）		以①、③1、③1-1、③2、③2-2、③3、④1、⑥3 层为主	为新围垦滩涂区，靠人工吹填而成，以粉砂、粉土、淤泥质粉质黏土为主，软土层较发育，20m 以浅砂层易液化，潜水为微咸水，浅部无良好持力层，工程地质条件差	软土地层易引起地面不均匀沉降，砂土液化，工程流砂，海岸线侵蚀与淤积，地下水对混凝土结构具弱腐蚀性。在干湿交替条件下地下水对钢筋混凝土结构中的钢筋具中等腐蚀性

总体上，海积平原工程地质区Ⅰ₁、Ⅰ₂亚区为工作区最好的工程地质区，该区原为长江主流古横江的东头入海口，区内砂层厚度大，砂土不液化，缺失硬质黏土⑤层，工程地质条件优良。

Ⅱ₃亚区次之，砂层较厚，存在硬质黏土⑤层，无软土层，砂土不液化，工程地质条件良好。

Ⅱ₂、Ⅱ₄亚区最大的特点是砂层较厚，存在硬质黏土⑤层，有 1 个软土③2-2 层或④2 层，砂土不液化，工程地质条件一般。

Ⅰ₃、Ⅱ₁亚区存在两个软土层③2-2、④2，缺失硬质黏土⑤层，20m 以浅砂土易液化，软土地层易引起地面不均匀沉降，地下水对建筑物混凝土结构具微腐蚀性，在干湿交替条件下地下水对钢筋混凝土结构中的钢筋具弱腐蚀性。工程地质条件较差。

Ⅲ区最大的特点是黏土层较厚，砂层较薄，存在③1-1、④两个软土层，存在硬质黏土⑤层，地表土以黄褐色粉质黏土②1层为主，软塑—可塑，下伏淤泥质粉质黏土③1-1。软土地层易引起地面不均匀沉降，在干湿交替条件下地下水对钢筋混凝土结构中的钢筋具弱腐蚀性，基坑开挖时易产生工程流砂。工程地质条件较差。

Ⅰ₄亚区普遍存在第一软土层淤泥质粉质黏土与粉砂互层③2-2 层，北部、西北部存在第二软土层④2层，局部存在硬质黏土⑤层，砂层厚度较大，③1、③2 砂层易液化；主要的环境地质问题为砂土易液化。软土层易引起地面不均匀沉降，地下水对建筑物混凝土结构具微弱腐蚀性。在干湿交替条件下地下水对钢筋混凝土结构中的钢筋具弱—中等腐蚀性，基坑开挖时易产生工程流砂。总体工程地质条件较差。

滩涂围垦区Ⅳ为全区最差的工程地质区，靠人工吹填而成，以冲填土、粉土、淤泥质粉质黏土、粉砂为主，软土层发育且厚度大，浅部无良好的持力层，砂土易液化，基坑开挖时易形成工程流砂，地下水对混凝土结构具弱腐蚀性，在干湿交替条件下对钢筋混凝土结构中的钢筋具中等腐蚀性。

第四节　工程建设地质条件评价

在工程地质分区的基础上，综合考虑天然地基持力层、桩基持力层和不良地质体进行工程建设地质条件评价。

一、海积平原工程地质区（Ⅰ）

1. 海积平原工程地质区 1 亚区（Ⅰ₁）

天然地基②2层粉土下卧层为粉土，天然地基条件良好，可作为民用建筑天然地基持力层。

第一桩基持力层③3粉砂埋藏较浅，且厚度大，顶板埋深约15m，分布较稳定，桩基条件较好，可用作多层居住建筑及一般轻型工业建筑物的桩基持力层。

第二桩基持力层⑥1粉土、⑥3粉砂埋藏适中，顶板埋深约35m，分布较稳定，可作为高层建筑和市政桥梁工程的良好桩基持力层。

③2层粉砂在地下工程开挖至该层时，在水头压力作用下易形成流砂，未经处理不能用作基础持力层。

2. 海积平原工程地质 2 亚区（Ⅰ₂）

天然地基②2层粉土下卧层为粉土，天然地基条件良好，可作为民用建筑天然地基持力层。

第一桩基持力层③3粉砂埋藏较浅，且厚度大，顶板埋深约15m，分布较稳定，桩基条件较好，可用作多层居住建筑及一般轻型工业建筑物的桩基持力层。

第二桩基持力层⑥1粉土、⑥3粉砂埋藏适中，顶板埋深约35m，分布较稳定，可作为高层建筑和市政桥梁工程的良好桩基持力层。

③1层粉土、③2层粉砂在地下工程开挖至该层时，在水头压力作用下易形成流砂，局部地区易液化，且下卧层为软土层③1-1，未经处理不能用作基础持力层。

3. 海积平原工程地质区 3 亚区（Ⅰ₃）

天然地基②2层粉土下卧层为粉土，天然地基条件良好，可作为民用建筑天然地基持力层。

第一桩基持力层③3粉砂下卧层为软土层④2，桩基条件一般。

第二桩基持力层⑥3粉砂埋藏适中，分布较稳定，可作为高层建筑和市政桥梁工程的良好桩基持力层。

③1层粉土、③2层粉砂在地下工程开挖至该层时，在水头压力作用下易形成流砂，局部地区易液化，且下卧层为软土层③2-2，未经处理不能用作基础持力层。

4. 海积平原工程地质区 4 亚区（Ⅰ₄）

天然地基②2层粉土下卧层为粉土，天然地基条件良好，可作为民用建筑天然地基持力层。

第一桩基持力层③3粉砂埋藏适中，顶板埋深约20m，分布较稳定，桩基条件较好。

第二桩基持力层⑤粉质黏土层埋藏适中，顶板埋深约28m，分布较稳定，桩基条件较好，可作为多层建筑的桩基持力层。

第三桩基持力层⑥1粉土、⑥3粉砂埋藏适中，顶板埋深约35m，分布较稳定，可作为高层建筑和市政桥梁工程的良好桩基持力层。但该层亦为第Ⅰ承压水层，深部地下空间开发时有引发水土突涌的可能性。

③1层粉土、③2层粉砂在地下工程开挖至该层时,在水头压力作用下易形成流砂,局部地区易液化,且下卧层为软土层③2-2,未经处理不能用作基础持力层。

二、三角洲平原工程地质区（Ⅱ）

1. 三角洲平原工程地质区 1 亚区（Ⅱ$_1$）

天然地基②2层下卧层为粉土,天然地基条件良好,可作为民用建筑天然地基持力层。

第一桩基持力层③3粉砂下卧层为软土层④2,桩基条件一般。

第二桩基持力层⑥3粉砂埋藏适中,分布较稳定,可作为高层建筑和市政桥梁工程的良好桩基持力层。

③1层粉土、③2层粉砂在地下工程开挖至该层时,在水头压力作用下易形成流砂,且下卧层为软土层③2-2,未经处理不能用作基础持力层。

2. 三角洲平原工程地质区 2 亚区（Ⅱ$_2$）

天然地基②2层粉质黏土下卧层为粉土,天然地基条件良好,可作为民用建筑天然地基持力层。

第一桩基持力层③3粉砂下卧层为软土层④2,桩基条件一般,可用作轻荷载的低层建筑的桩基础持力层。

第二桩基持力层⑤粉质黏土层埋藏较深,分布较稳定,桩基条件一般,可作为多层建筑的桩基持力层。

③1层粉土、③2层粉砂在地下工程开挖至该层时,在水头压力作用下易形成流砂,且下卧层为软土层③2-2,未经处理不能用作基础持力层。

3. 三角洲平原工程地质区 3 亚区（Ⅱ$_3$）

天然地基②2层下卧层为粉土,天然地基条件良好,可作为民用建筑天然地基持力层。

第一桩基持力层③3粉砂下卧层为粉质黏土⑤,埋藏适中且分布稳定,桩基条件良好。

第二桩基持力层⑤粉质黏土层埋藏适中,分布较稳定,桩基条件良好,可作为多层建筑的桩基持力层。

第三桩基持力层⑥1、⑥3粉砂埋深适中,分布较稳定,可作为高层建筑和市政桥梁工程的良好桩基持力层。但该层亦为第Ⅰ承压水层,深部地下空间开发时有引发水土突涌的可能性。

4. 三角洲平原工程地质区 4 亚区（Ⅱ$_4$）

天然地基②2层下卧层为粉土,天然地基条件良好,可作为民用建筑天然地基持力层。

第一桩基持力层③3粉砂下卧层为软土层④2,桩基条件一般。

第二桩基持力层⑤粉质黏土层埋藏较深,分布较稳定,桩基条件一般,可作为多层建筑的桩基持力层。

第三桩基持力层⑥1粉土埋深适中,分布较稳定,可作为高层建筑和市政桥梁工程的良好桩基持力层。但该层亦为第Ⅰ承压水层,深部地下空间开发时有引发水土突涌的可能性。

三、古潟湖积平原工程地质区（Ⅲ）

天然地基②1层粉质黏土下卧层为淤泥质粉质黏土③1-1，天然地基条件较差，未经处理不宜用作基础持力层。

第一桩基持力层③3粉砂下卧层为软土层④，桩基条件一般，可用作轻荷载的低层建筑的桩基础持力层。

第二桩基持力层⑤粉质黏土层埋藏较深，且下卧软塑的粉质黏土夹粉砂⑥2层，桩基条件一般。

第三桩基持力层⑥3粉砂埋藏较深，桩基条件一般，可作为高层建筑和市政桥梁工程的桩基持力层。该层亦为第Ⅰ承压水层，深部地下空间开发时有引发水土突涌的可能性。

③2层粉砂在地下工程开挖至该层时，在水头压力作用下易形成流砂，且局部易液化，未经处理不能用作基础持力层。

四、滩涂围垦工程地质区（Ⅳ）

表层为冲填土，浅部无良好的天然地基持力层。

第一桩基持力层③3粉砂埋藏相对较深，且下卧层为软土层④1，桩基条件一般，可用作轻荷载的低层建筑的桩基础持力层。

第二桩基持力层⑥3粉砂埋深适中，分布较稳定，可作为风电场建设良好的桩基持力层。

③1层粉土易液化，在地下工程开挖至该层时，在水头压力作用下易形成流砂，且下卧层为软土层③2-2，未经处理不能用作基础持力层。

第四章 海洋地质

第一节 海洋水深

一、多波束测深

洋口港工作区的海域属于黄海,涉及海域总面积约 3150 km²。利用多波束测深系统测量海洋水深,按如下技术要求进行:①测量准确度。水深小于 30 m 时,水深测量准确度应优于 0.3 m;水深大于 30 m 时,水深测量准确度应优于水深值的 1%。②测线布设。主测线应平行于等深线主方向,检测线垂直于主测线,且其总长应不少于主测线总长的 5%。③基准面。深度基准面采用理论最低潮面。

二、海洋水深

洋口港地区陆域部分地势平坦,地面高程为 3~5 m,沿如泰运河两岸稍高,约 5 m,海域最显著的地貌特征是坡度极平缓的潮间带和浅海辐射沙洲。2012—2014 年完成 5 条测线共 80 km 的水深断面测量,测点取样间隔为 5 m,共获取有效水深点 11 207 个。水深值经潮位校正后成图,可见水深范围 -23~-4 m,平均水深 -13 m。

第二节 海洋底质土力学特征

海域浅表粉砂土以青灰色、灰色为主,中密—密实,饱和,主要矿物成分为石英、云母,局部见少量贝壳碎片,该土层的压缩系数 $0.1 MPa^{-1} \leqslant a_{1-2} < 0.5 MPa^{-1}$,属中压缩性土。

收集 2003 年 399 个和 2006 年 100 个底质泥沙取样分析结果,完成 350 件样品粒度分析,研究表明洋口港海域底质泥沙主要由黏土质粉砂、粉砂、砂质粉砂、粉砂质砂、细砂和中砂组成(图 4-1,表 4-1)。

洋口港海域西太阳沙区域勘探深度内的地层属第四系全新统冲海积层及上更新统海积层,主要为粉砂、细砂及粉质黏土、淤泥质粉质黏土。据沉积物的地质时代、成因、岩性、分布规律和物理力学性质,将西太阳沙区域地层分为 5 个地质层(表 4-2)。

收集洋口港航道区一个钻孔资料,沉积物的地质特征如表 4-3 所示。

收集 1988—1989 年、1992 年、1994—1995 年南京大学在洋口港地区海域沉积物样品分析结果,完成 350 件样品粒度分析,获取了粒度、泥沙分布及物质组成等特征的分析结果(表 4-4)。

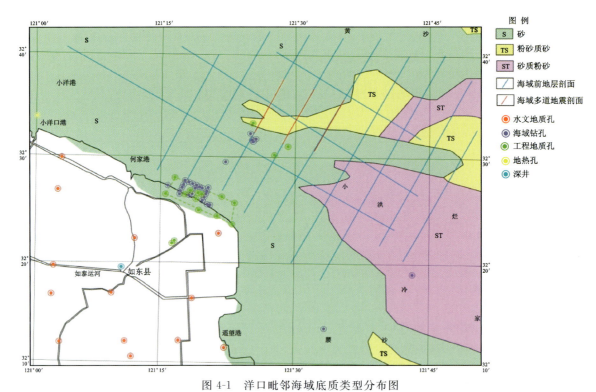

图 4-1 洋口毗邻海域底质类型分布图

表 4-1 洋口港地区毗邻海域底质泥沙分布及物质组成表　　　　　　　　单位:%

序号	名称	分布比例	物质组成		
			砂	粉砂	黏土
1	细砂	45.6	94.2	5.6	0.2
2	砂质粉砂	24.2	36.0	58.8	5.2
3	粉砂质砂	20.4	64.5	33.7	1.9
4	粉砂	6.8	16.4	70.6	13.0
5	黏土质粉砂	2.5	10.0	64.3	25.7
6	中砂	0.5	96.3	3.7	0

表 4-2 西太阳沙区域沉积物地质特征

沉积层	地质特征
粉砂（Qh^{al-m}）	浅灰色,饱和,稍密,局部为中密,颗粒级配差,顶部少量为细砂。顶板标高-1.44~2.24m,层厚2.90~8.20m。场地内均有分布
粉砂与粉质黏土互层（Qh^{al-m}）	浅灰色,饱和,稍密,与粉质黏土互层,单层厚5~10mm,软塑—流塑状。顶板标高-6.51~-3.61m,层厚1.90~3.50m。场地内均有分布,分布较稳定
粉砂（Qh^{al-m}）	浅灰色,饱和,中密,颗粒级配差,土质均匀,主要成分为石英、长石、云母。顶板标高-9.31~-6.11m,层厚3.40~9.30m。场地内均有分布
粉砂与淤泥质粉质黏土互层（Qh^{al-m}）	浅灰色,饱和,稍密—中密,与淤泥质粉质黏土互层,单层厚1~2cm,软塑—流塑状,局部为粉质黏土、砂质粉土。顶板标高-18.21~-12.54m,层厚2.60~12.00m。场地内均有分布,厚度变化较大
粉砂（Qp_3^m）	浅灰色,饱和,中密,局部为密实,颗粒级配差,主要成分为石英、长石、云母,局部含少量腐殖质。顶板标高-24.54~-17.11m,未揭穿,揭露厚度11.45~18.85m。场地内均有分布

表 4-3 洋口港航道区沉积物地质特征

沉积层	地质特征
淤泥	层厚 2.6m,灰色、灰褐色,含云母,流塑,饱和
淤泥质黏土夹亚砂土	层厚 1.4m,灰色、灰褐色,夹灰色、灰绿色亚砂土,含云母和腐殖质,流塑,松散,饱和
粉砂夹亚砂土	层厚 4.4m,灰色、灰绿色,含云母和贝壳碎片,夹薄层灰、灰褐色亚黏土,松散—中密,流塑—软塑,饱和
淤泥质黏土夹粉砂	未揭穿,灰色、灰褐色,含云母,夹灰绿色、灰色粉砂,流塑,松散—稍密,饱和

表 4-4 洋口港海域沉积物粒度分析结果

地理位置	粒组含量(%)			中值 $M_d(\varphi)$	分选系数 $Q_d(\varphi)$	偏态 $S_k(\varphi)$	室内定名
	砂	粉砂	黏土				
小洋港内端航道	94.0	6.0	0	2.9	0.35	0.05	细砂
小洋港航道	95.0	5.0	0	3.3	0.25	0.05	细砂
黄沙洋内端 八仙角沙脊东南端	92.0	8.0	0	3.2	0.35	0.05	细砂
烂沙洋内端1	99.0	1.0	0	2.9	0.30	0	细砂
烂沙洋内端2	26.8	73.2	0	5.0	1.05	−0.05	砂质粉砂
烂沙洋(大洪梗子)	40.6	48.3	11.1	4.5	0.80	0.10	砂质粉砂
烂沙洋大洪梗子西北侧	87.0	13.0	0	3.0	0.60	0	细砂
烂沙洋通道太阳沙南1	96.0	4.0	0	3.3	0.30	0	细砂
烂沙洋通道太阳沙南2	41.2	58.8	0	4.1	0.35	0.05	砂质粉砂
烂沙洋口	5.1	94.9	0	4.9	0.55	0.05	粗粉砂
烂沙洋口主泓	砾 29.0/ 砂 71.0	0	0	1.2	1.70	0.95	砾质砂

注:按照乌登-温特沃思分级,$M_d(\varphi)$ 为中值粒径,$Q_d(\varphi)$ 为分选系数,$S_k(\varphi)$ 为偏度值,d 为颗粒直径(单位:mm),φ 与 d 的换算关系为 $d=2^{-\varphi}$。

根据 2003 年 7 月在如东南黄海海域的西太阳沙北部、烂沙洋潮汐通道北部和潮汐通道附近 3 个站位(标号分别为 RD03A、RD03B 和 RD03C)的钻孔(终孔深度分别为 49.6m、11.2m 和 18.0m)的取样分析结果,可了解辐射沙脊群区域沉积物的地球化学组成特征(表 4-5~表 4-8)。

表 4-5 如东辐射沙脊群西太阳沙海域钻孔位

钻孔名称	位置	水深(m)	终孔深度(m)
RD03A	32°31′39.8″N,121°24′59.5″E	高潮 5.7,低潮 2.2	49.7(设计 50)
RD03B	32°34′22.4″N,121°24′58.8″E	高潮 11.2,低潮 8.5	11.2(设计 10)
RD03C	32°32′56.5″N,121°25′00.5″E	高潮 22.4,低潮 18.2	18.2(设计 18)

表 4-6 钻孔样主量元素质量分数平均值 单位:%

钻孔名称	质量分数										
	Al	Ca	Fe	K	Mg	Mn	Na	P	Si	S	Ti
RD03A	5.06	2.49	2.46	1.68	1.01	0.07	1.61	0.05	33.53	0.02	0.37
RD03B	5.05	2.75	2.46	1.58	1.11	0.05	1.51	0.05	32.96	0.02	0.41
RD03C	5.33	2.95	2.56	1.64	1.14	0.05	1.60	0.05	32.23	0.03	0.39

表4-7 钻孔样微量元素质量分数平均值　　　　　　　　　　　　　　　　单位:ug/g

微量元素	微量元素质量分数			
	RD03A 细粉砂	RD03A 细砂—极细砂	RD03B 细砂—极细砂	RD03C 细砂—极细砂
Zn	176.91	169.62	150.46	56.72
Pb	52.49	42.42	44.24	43.65
Co	16.37	13.85	14.57	15.31
Ni	27.48	20.05	21.11	21.49
Ba	394.06	337.20	381.62	363.80
Mn	533.87	457.20	505.44	454.00
Cr	57.86	41.42	46.06	49.43
Ga	14.43	11.03	12.68	14.62
V	75.93	61.94	63.48	65.77
Be	1.474	1.172	1.20	1.21
Cu	21.00	10.95	10.70	12.91
Ti	3 708.85	3266	3 549.70	3 712.13
Zr	179.07	120.5	133.59	136.17
Sc	10.17	7.632	7.71	7.79
Sr	156.71	169.4	174.72	165.76

表4-8 洋口港地区不同类型沉积物的化学组成

沉积物类型	SiO_2	Al_2O_3	Fe_2O_3	FeO	CaO	MgO	K_2O	Na_2O	MnO	TiO_2	P_2O_5	SO_3	烧失量
粗粉砂型	70.120	9.940	2.720	1.040	1.500	2.100	2.270	1.940	0.101	0.570	0.145	0.168	0.479
粗—细粉砂过渡型	69.800	9.970	2.300	1.180	1.900	3.670	2.280	1.940	0.060	0.640	0.149	0.065	5.700
细粉砂型	66.230	11.130	2.470	1.490	2.150	3.900	2.240	1.940	0.120	0.680	0.158	0.056	6.440

完成350件样品土力学试验,结果如下表(表4-9、表4-10)。

表4-9 洋口港毗邻海域底质类型和物理指标统计表

底质类型	样品数(个)	颗粒组成			物理性质									
		0.075~0.25 mm (%)	0.005~0.075 mm (%)	<0.005 mm (%)	天然含水率 W (%)	相对密度 G_s	密度 ρ_0 (g/m³)	干密度 ρ_d (g/m³)	饱和度 S_r (%)	天然孔隙比 e	孔隙率 n (%)	液限 W_L (%)	塑限 W_P (%)	塑性指数 I_p	液性指数 I_L
粉土(RD03A)	1	21.3	77.9	0.8	25.2	2.69	1.93	1.54	91	0.745	42.7	25.2	16.8	8.4	1
粉土(RD03B)	2	—	—	—	25.6	2.69	1.93	1.49	97.5	0.706	41.4	27.2	17.7	9.5	0.8
粉土(RD03C)	20	8	88	4	26.6	2.69	1.90	1.50	89.8	0.80	44.3	26.9	17.6	9.32	0.97
粉细砂(RD03A)	19	79.89	19.18	0.926	27.5	2.68	1.9	1.5	93.5	0.8	44.0	—	—	—	—
粉细砂(RD03B)	6	—	—	—	26.82	2.68	1.945	1.533	95.75	0.748	42.73	—	—	—	—
粉细砂(RD03C)	30	83	16	1	27.6	2.68	1.92	1.51	94.6	0.78	43.8	—	—	—	—

注:表中所有数据均为统计平均值。

表 4-10 洋口港毗邻海域底质土力学指标统计表

底质类型	样品特征	样品数(个)	固结快剪		压缩系数	压缩模量	三轴剪切UU		无侧限压缩
			黏聚力 C_q (kPa)	内摩擦角 φ_q (°)	a_{1-2} (MPa^{-1})	Es_{1-2} (MPa)	凝聚力 C_{uu} (kPa)	内摩擦角 φ_{uu} (°)	原状 q_u (kPa)
粉土(RD03A)	表层样	1	7.7	30.4	0.206	8.452	8.3	32.4	—
粉土(RD03B)	柱状样	2	10.3	28.2	0.135	9.804	11.8	27.5	72.5
粉土(RD03C)	—	20	10.6	26.8	0.22	9.01	11.2	27.6	54.3
粉细砂(RD03A)	表层样	19	3.7	34.8	0.135	13.6	4.1	34.7	—
粉细砂(RD03B)	柱状样	6	3.033	36.38	0.12	14.84	3.53	36.6	—
粉细砂(RD03C)	—	30	3.6	35.2	0.13	13.8	3.9	35.0	—

第三节 海域地层剖面特征

一、多道地震测量

使用大功率低频声源、多道接收拖拽电缆和多道数据处理记录系统,可以取得深层地质结构的资料。爆炸声源发出的大功率低频声波,可以穿透到很深的底层。若在离爆炸源较远的海上放置一系列水听器,就可以接收到由不同地层传来的折射波,为研究海底地质结构、水下资源等提供有价值的数据。

测量要求:①道数不小于 24 道,道间距不大于 25m,数据采样率不大于 1ms。②不正常工作道数低于 4%或低于 4 道,测线空废炮率低于 5%。③监视记录的计时线应清晰,道迹均匀,气枪同步信号和激发信号(TB)的断点清楚;每条测线的首、尾炮及每隔 40 炮应显示一套纸质监测记录。④测线布设尽量与其他地球物理测线一致,尽可能通过已有钻孔位置。

二、浅地层剖面测量

浅地层剖面仪是在超宽频海底剖面仪基础上改进,对海洋、江河、湖泊底部地层进行剖面显示的设备,结合地质解释,可以探测到水底以下的地质构造情况。该仪器在地层分辨率和地层穿透深度方面有较高的性能,并可以任意选择扫频信号组合,现场实时地设计、调整工作参量,可以在航道勘测中测量河(海)底的浮泥厚度,也可以测量在海上油田钻井中的基岩深度和厚度。因而它是一种在海洋地质调查,地球物理勘探和海洋工程,海洋观测、海底资源勘探开发,航道港湾工程,海底管线铺设中广泛应用的仪器。

技术要求:①根据调查任务需要选择浅地层、中地层或较深地层剖面探测;②浅地层剖面探测地层分辨率优于 0.3m,中地层剖面探测地层分辨率优于 1m,较深地层剖面探测地层分辨率优于 3m;③记录剖面图像清晰,没有强噪声干扰和图像模糊、间断等现象。

三、海域地震剖面物性分层

2012—2014年完成工作区海域地震测量3条剖面38.216km,经对本次所有测线地震时间剖面进行定量解释后,绘制出解释剖面,并将推断的地质成果显示于相应测线地震时间剖面的下方(表4-11)。

表 4-11 洋口港海域地震层序及地层结构表

地层	反射相位	推测的主要岩性
	T_0	水
Qh		含砂黏土、粉砂土夹薄层粉砂
	T_1	
Qh—Qp_3		亚黏土、粉砂质亚黏土、粉砂、中细砂、含砾中粗砂
	T_2	
Qp_2		中细砂、中粗砂、含砾中粗砂、亚黏土
	T_3	
Qp_1		中粗砂、含砾中粗砂、中细砂、砂砾、亚黏土、黏土
	T_4	
Ny^2		粉细砂、含砾中砂、砂砾
	T_5	
Ny^2		黏土、粉砂质黏土、粉砂夹含砾粗砂
	T_6	
Ny^2		细粉砂、黏土夹砂砾
	T_7	
Ny^1		黏土岩、粉砂岩夹砂砾岩
	T_8	
Ny^1		长石石英砂岩、粉细砂岩、黏土岩夹砂砾岩、含砾砂岩
	T_E	
Ny^1		粉细砂岩、砂砾岩、黏土岩
Es		中砂岩、细砂岩、含砾砂岩、砂质泥岩

1. 地层解释

地震测线大致沿南北向布设,水底反射界面用T_0标示;水下可探测的反射界面有10个,可将物性层划分为11层,如图4-2所示。

2. 基岩解释

基岩地震反射波组振幅较弱,连续性一般,但可通过其上下地层的地震反射波组特征的显著区别加以甄别:基岩反射波组上方的地层反射波组呈准水平层状分布,连续性好,而下方的地震反射波组连续性差、振幅低,基本不能形成有效反射相位。基岩面形态起伏,隆起处埋深约700m,最深处位于测线南端,埋深约940m。结合区域地质资料,区内基岩为古近系三垛组中砂岩、细砂岩、含砾砂岩、砂质泥岩。从基岩面与上覆地层的接触关系来看,古近纪与新近纪早期之间应该有短暂的沉积间隔。

通过海域多道地震测量,结合区域钻孔资料海域1000m以浅地层划分为11层,从上而下为:①第四系全新统含砂黏土、粉砂土夹薄层粉砂。②第四系上更新统与全新统的亚黏土、粉砂质亚黏土、粉砂、中细砂、含砾中粗砂。③中更新统的中细砂、中粗砂、含砾中粗砂、亚黏土。④下更新统的中粗砂、含砾中粗砂、砂砾、亚黏土、黏土。⑤新近系盐城群上段顶部的粉细砂、含砾中砂、砂砾。⑥新近系盐城群上段中部黏土、粉砂质黏土、粉砂夹含砾粗砂。⑦新近系盐城群上段下部细粉砂、黏土夹砂砾。⑧新近系盐城群下段上部的黏土岩、粉砂岩夹砂砾岩。⑨新近系盐城群下段中部的长石石英砂岩、粉细砂岩、黏土岩夹砂砾岩、含砾砂岩。⑩新近系盐城群下段底部的粉细砂岩、砂砾岩、黏土岩。⑪古近系三

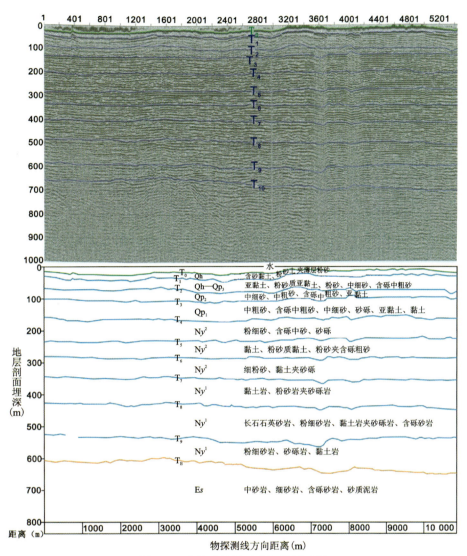

图 4-2 地震时间剖面及解释剖面图

垛组中砂岩、细砂岩、含砾砂岩、砂质泥岩。

3. 浅地层剖面物性分层

完成海域浅地层剖面测量 13 条剖面 515.28km，其中 2 号测线北东段水下沉积物记录影像特征（图 4-3）：浅地层剖面记录上，水底以下可见 3 组声波反射界面。第二反射界面之上区域为灰黑色，下部区域呈灰白色，界面线线条粗、颜色深，推测此界面为黏砂土、砂黏土与粉砂的分界面。第三反射界面之上区域为灰白色，下部区域呈灰色，界面线线条粗、颜色深，推测此界面为粉砂与淤泥质亚黏土的分界面。第四声波反射界面以下信号陡然减弱，再加上水底二次反射的干扰，导致第四声波反射界面以下无法识别出有效的地层反射信号。

从已解释的地层分布情况来看，沉积物有以下分布特征：

第一物性层以黏砂土、砂黏土为主，层理不发育，层厚变化较大，由北向南逐渐变薄，北部厚度最大近 18m，南侧最薄处仅 3m 左右。顶板深度由北向南呈逐渐变浅趋势，落差较大，中部最深约 22m，南端最浅处约 5m；底板埋深最大 35m，最小 20m，有一定起伏。

第二物性层为粉砂。该物性层厚 16～25m，普遍较厚，L_{2-3} 测线略薄。顶板埋深最大 35m，最小

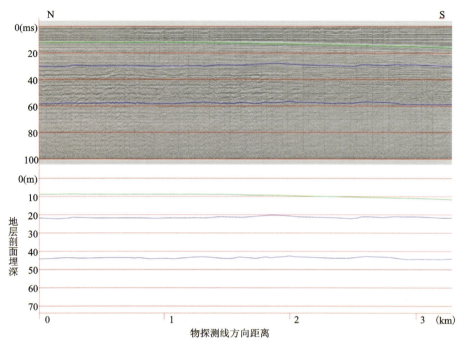

图 4-3 2 号测线北东段浅地层剖面及解释剖面图

20m,有一定起伏;底板呈不规则起伏。北侧最深达 45m,南端最浅仅 30m,总体在 40m 附近。

第三物性层为淤泥质亚黏土,发育于 L_{2-1} 测线北部以及 L_{2-2}、L_{2-3} 测线,该物性层厚 0~12m,测线中部较厚,两端逐渐变薄。顶板埋深最大 45m,最小 30m,呈不规则起伏;底板埋深 46~55m。南部略浅,北部略深。

第三物性层以下不能分出完整层位,推测其下为粉砂。

四、海域钻孔工程地质分层

2012—2014 年完成海域工程地质钻探 2 孔,孔深各 50m。

GCZK05 孔:浅部为②层粉细砂,钻探揭露厚度 6.20~9.00m,层顶标高−8.10~3.00m,中密,饱和,压缩性中等,其中标高−3.20~8.10m 及 −28.30~−17.10m 为淤泥质粉质黏土,流塑状,局部为软塑—流塑状粉质黏土,压缩性中等,该层以透镜体形式存在于②1 层粉细砂中;④层粉细砂层顶埋深 31.30m,层顶标高−28.30m,标贯实测击数 $N>50$ 击,属于密实状态,压缩性中等,本次钻探未揭穿该层。

GCZK06 孔:浅部为②层粉细砂,中密,饱和,压缩性中等,钻探揭露厚度 5.30~9.90m,层顶标高 −14.90~3.00m,其中标高−6.90~14.90m 及 −30.10~−20.20m 处为淤泥质粉质黏土,流塑,压缩性中等,以透镜体形式存在于②层粉细砂中;④层粉细砂层顶埋深 33.10m,层顶标高−30.10m,标贯实测击数 $N>50$ 击,属于密实状态,压缩性中等,本次钻探未揭穿该层。

第四节 海域工程地质层组划分

收集海域工程地质钻孔 69 个共 1 994.05m,原位测试 889 点、土工试验 977 组等资料。共完成海域浅地层剖面测量 13 条剖面 515.28km、海域地震测量 3 条剖面 38.216km、海域工程地质钻探 3 孔 150m、350 件土力学样品采样与测试、水深断面测量 60km 等,进行了工程地质层(组)划分,基本查明江苏洋口港毗邻海域三维浅地层结构及其工程地质条件,初步评价了潮间带沙州和潮汐通道稳定性。

海域土层属第四系全新统冲海积层及上更新统海积层,主要为粉细砂、粉质黏土、淤泥质粉质黏土、粉砂和粉土,分为5个工程地质层(表4-12、表4-13)。

表4-12 洋口港毗邻海域各土层工程地质特征

工程地质层	工程地质特征
粉细砂(Qh^{al-m})	灰色,饱和,稍密,颗粒级配差,主要矿物成分为石英、长石及少量云母碎片,潮汐通道处顶部含薄层淤泥,标贯击数一般小于15击。顶板埋深0~2m,层厚2.9~9.9m
淤泥质粉质黏土(Qh^{al-m})	灰色—灰褐色,饱和,流塑,干强度较高,韧性中等,无摇振反应,混少量粉砂及粉土薄层。顶板埋深-6.2~9.9m,层厚4.9~8.0m
粉细砂(Qh^{al-m})	灰色,饱和,中密,颗粒级配差,主要成分为石英、长石及少量云母碎片,局部夹薄层粉土,标贯击数20~32击。顶板埋深11.1~17.9m,层厚5.3~9.0m
淤泥质粉质黏土与粉质黏土互层(Qh^{al-m})	灰色—灰褐色,饱和,流塑,夹软塑—流塑状粉质黏土,干强度较高,韧性中等,无摇振反应,混少量粉砂、粉土薄层。顶板埋深15.2~23.2m,层厚5.6~11.2m
粉细砂(Qp^{m})	灰色,饱和,上部中密,下部密实,颗粒级配差,主要成分为石英、长石、云母,标贯击数34~90击不等。顶板埋深27.5~31.3m,揭露厚度11.5~18.7m,未揭穿

第五节 海域工程地质分区

工程地质分区原则主要考虑水深、水下地形地貌、底质类型、岩土体结构特征及主要环境工程地质问题等各方面的因素。一级分区以水深和水下地形地貌为依据,共分为滩涂围垦工程地质区(Ⅰ)、浅滩工程地质区(Ⅱ)、沙洲工程地质区(Ⅲ)和潮汐水道工程地质区(Ⅳ)(图4-4)。在一级分区的基础上,结合底质类型和岩土体空间结构类型进行二级分区(亚区)。

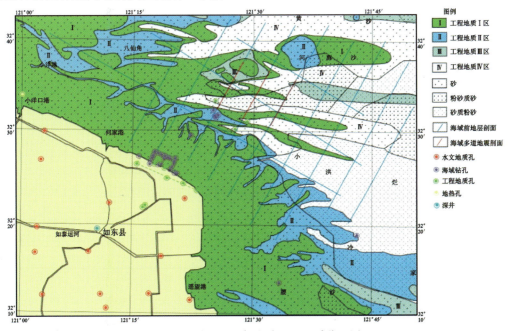

图4-4 洋口港毗邻海域工程地质分区图

表 4-13 洋口港毗邻海域工程地质层层物理力学性质指标统计表

工程地质层	亚层	物质性质									直剪试验			固结快剪		压缩系数 a_{1-2} (MPa^{-1})	压缩模量 E_{S1-2} (MPa)	三轴剪切 UU		颗粒组成		
		天然含水率 W (%)	相对密度 G_s	密度 ρ_0 (g/m^3)	干密度 ρ_d (g/m^3)	天然孔隙比 e	饱和度 S_r (%)	液限 W_L (%)	塑限 W_P (%)	塑性指数 I_P	液性指数 I_L	黏聚力 C_q (快剪) (kPa)	内摩擦角 φ_q (快剪) (°)	黏聚力 C_q (kPa)	内摩擦角 φ_q (°)			黏聚力 C_{uu} (kPa)	内摩擦角 φ_{uu} (°)	0.075~0.25mm (%)	0.005~0.075mm (%)	<0.005mm (%)
① 粉细砂	最大值	25.7	2.69	2.04	20.40	1.67	100.000	0.73	—	—	—	—	11.8	33.4	5.8	37.900	0.23	12.70	5.5	27.6	6.7	84.5
	最小值	22.4	2.68	1.94	19.40	1.56	90.600	0.61	—	—	—	—	4.50	23.6	3.2	32.000	0.13	7.50	3.1	24.6	1.6	8.5
	平均值	24.4	2.68	1.99	19.9	1.60	96.600	0.68	—	—	—	—	6.8	28.1	4.3	34.300	0.16	10.80	4.3	26.3	4.0	57.7
	标准值	25.1	2.68	1.97	19.70	1.58	98.600	0.70	—	—	—	—	—	—	—	—	0.18	9.81	—	20.5	4.9	72.7
② 淤泥质粉质黏土	最大值	42.4	2.74	2.01	20.10	1.60	100.000	1.22	37.3	21.9	15.5	1.65	14.50	12.8	23.4	18.600	0.83	8.08	25.8	—	—	84.9
	最小值	25.7	2.71	1.75	17.50	1.23	90.300	0.71	27.2	17.3	11.4	0.78	13.00	4.8	12.2	11.300	0.22	2.67	12.8	5.0	—	8.5
	平均值	33.8	2.72	1.91	19.10	1.43	98.700	0.91	33.3	20.3	13.2	1.14	13.8	9.2	19.3	14.500	0.38	5.45	17.7	11.2	—	57.7
	标准值	35.9	2.72	1.88	18.80	1.39	99.800	0.97	32.4	19.8	12.7	1.26	13.5	7.5	17.1	12.800	0.43	4.90	15.2	8.3	—	72.7
③ 粉细砂	最大值	26.5	2.71	2.08	20.80	1.68	100.000	0.73	—	—	—	—	5.2	34.6	5.3	35.600	0.24	14.70	4.6	33.1	4.6	84.9
	最小值	21.6	2.68	1.97	19.70	1.57	91.200	0.60	—	—	—	—	3.6	34.2	4.7	34.00	0.11	7.20	1.2	27.6	1.8	54.3
	平均值	23.6	2.69	2.01	20.10	1.63	96.600	0.65	—	—	—	—	4.4	34.4	5.0	34.800	0.15	11.90	3.2	29.8	3.2	69.9
	标准值	24.5	2.68	1.99	19.90	1.61	98.300	0.67	—	—	—	—	—	—	—	—	0.17	10.60	—	3.6	—	74.5
④ 淤泥质粉质黏土与粉质黏土	最大值	41.3	2.74	1.97	1.57	100.00	1.163	36.50	21.9	14.9	1.38	14.2	10.3	21.2	16.0	0.800	10.66	32.50	22.1	57.1	40.5	4.7
	最小值	25.4	2.68	1.79	1.27	88.10	0.706	27.10	17.6	12.3	1.04	10.2	4.2	18.4	14.3	0.160	2.70	10.80	4.8	54.8	31.9	3.8
	平均值	34.2	2.72	1.87	1.40	97.40	0.953	32.50	19.4	13.3	1.21	12.8	7.7	19.8	15.0	0.386	5.80	21.40	9.9	56.0	37.2	4.3
	标准值	36.1	2.71	1.85	1.36	98.80	1.004	31.30	18.7	12.9	1.26	11.9	6.2	19.0	14.5	0.458	4.87	16.90	5.8	—	—	—
⑤ 粉细砂	最大值	25.7	2.68	2.03	1.67	95.80	0.782	—	—	—	—	4.1	35.6	3.5	36.6	0.180	14.59	4.80	30.8	90.2	21.4	3.7
	最小值	21.6	2.68	1.89	1.50	83.70	0.605	—	—	—	—	2.5	33.6	1.5	35.6	0.110	9.31	2.20	24.6	74.9	7.5	0.5
	平均值	23.0	2.68	1.96	1.59	90.30	0.683	—	—	—	—	3.2	34.5	2.5	36.1	0.139	12.34	3.30	28.3	84.7	11.8	2.4
	标准值	23.8	2.68	1.93	1.57	92.90	0.713	—	—	—	—	—	—	—	—	0.152	11.33	—	—	87.9	14.1	3.0

注：表中所有数据均为统计平均值。

综合考虑区内工程地质条件、工程地质特征及其存在的环境工程地质问题,进行工程地质综合评价。各工程地质分区的地层结构及工程条件评价见表 4-14。

表 4-14 洋口港毗邻海域工程地质分区及评价表

工程地质分区	50m 以浅土体结构类型	工程地质特征及条件评述	可能存在的工程地质问题
滩涂围垦工程地质区（Ⅰ）	表层一般为回填土,①、②、③、④、⑤层较齐全	为新围垦滩涂区,靠人工吹填而成,水深 0m 以上,以粉砂、粉土、淤泥质粉质黏土为主,软土层较发育,20m 以浅砂层易液化,潜水为微咸水,浅部无良好持力层,工程地质条件较差	软土地层易引起地面不均匀沉降,砂土液化,工程流砂,海岸线侵蚀与淤积,在干湿交替条件下地下水对钢筋混凝土结构中的钢筋具中等腐蚀性
浅滩工程地质区（Ⅱ）	表层一般为粉砂,①、②、③、④、⑤层较齐全	该区水深一般为 -5~0m,底质类型主要为砂和砂质粉砂,存在 3 个砂层①、③、⑤层,2 个软土层②、④,工程地质条件一般	软土地层易引起地面不均匀沉降。海水对钢筋混凝土结构中的钢筋具腐蚀性;存在埋藏古河道、侵淤、浅层气等海底灾害因素
沙洲工程地质区（Ⅲ）	表层一般为粉砂,以②、③、④、⑤层为主	该区水深一般为 -10~0m,底质类型较复杂,包括砂质粉砂、砂和粉砂质砂,普遍存在第二软土层粉砂与淤泥质粉质黏土互层④层,3 个砂层①、③和⑤层,砂层厚度较大,①、③砂层易液化,工程地质条件较差	砂土易液化,软土层易引起地面不均匀沉降,海水对建筑物混凝土结构具腐蚀性;存在陡坎、侵淤、海底滑坡等海底灾害因素
潮汐水道工程地质区（Ⅳ）	表层一般为淤泥,以②、③、④层为主	该区水深一般为 -10m 以下,底质类型较复杂,包括砂质粉砂、粉砂质砂和砂,普遍存在第一软土层淤泥质黏土夹亚砂土②层和第二软土层淤泥质黏土夹粉砂④层,砂层厚度较大,③砂层易液化,工程地质条件差	软土地层易引起地面不均匀沉降,海水对钢筋混凝土结构中的钢筋具腐蚀性;受邻近南黄海活动断层影响较大

滩涂围垦工程地质区（Ⅰ）工程地质条件较差,靠人工吹填而成,以冲填土、粉土、淤泥质粉质黏土、粉砂为主,软土层发育且厚度大,浅部无良好的持力层,砂土易液化,基坑开挖时易形成工程流砂,地下水对混凝土结构具弱腐蚀性,在干湿交替条件下对钢筋混凝土结构中的钢筋具中等腐蚀性。

浅滩工程地质区（Ⅱ）工程地质条件一般,最大的特点是砂层较厚,砂土不液化,但存在 2 个软土层,即淤泥质粉质黏土②层和淤泥质粉质黏土与粉质黏土互层④层,软土地层易引起地面不均匀沉降,海水对钢筋混凝土结构中的钢筋具腐蚀性;埋藏古河道易发生局部塌陷,使地层原有结构受到破坏,造成构筑物基础不稳定;浅层气具高压特征,可使地层抗剪强度降低,加剧海底不稳定性,影响工程基础,触发海底扰动变形。

沙洲工程地质区（Ⅲ）工程地质条件较差,特点是存在 3 个砂层,即①、③和⑤层。砂层较厚,其中①、③砂层易液化,且普遍存在第二软土层粉砂与淤泥质粉质黏土互层④层,软土地层易引起地面不均匀沉降,海水对钢筋混凝土结构中的钢筋具腐蚀性;地形上的起伏对输油管线及光缆不利,特别是海底滑坡易造成工程设施的破坏。

潮汐水道工程地质区（Ⅳ）工程地质条件差,特点是普遍存在第一软土层淤泥质黏土夹亚砂土②层和第二软土层淤泥质黏土夹粉砂④层,砂层厚度较大,③砂层易液化,软土地层易引起地面不均匀沉降,海水对钢筋混凝土结构中的钢筋具腐蚀性;负地形易成为工程地质障碍,对海底构筑物基础会造成破坏;邻近南黄海活动断层,影响工程稳定性。

总体上,洋口港毗邻海域工程地质条件较差,仅浅滩工程地质区（Ⅱ）区内砂层厚度大,砂土不液化,工程地质条件一般。

第五章 海岸线变迁

第一节 遥感数据选择与处理

一、遥感数据的选择

江苏沿海地区海岸线变迁研究选择 Landsat 卫星影像作为数据源。所有的 Landsat 影像数据都来自美国地质勘探局(USGS)网站(2014年)。这些数据通常被处理成标准的地形校正产品(Standard Terrain Correction),即经过精确几何校正和地形校正的 L1T 级(Level 1T)产品。如果没有必要的地面控制点或高程数据,则被处理成 L1G 级产品或 L1Gt 级产品。

L1T 级产品,即标准地形校正产品。利用地面控制点进行的几何精校正,同时利用数字高程模型(DEM)进行地形校正。产品的量测精度依赖于所采用的地面控制点的精度和 DEM 的分辨率。地面控制点来自于 GLS 2000 数据集,DEM 数据源包括 SRTM、NED、CDED、DTED 和 GTOPO 30。

L1G 级产品,即系统级几何校正产品(Systematic Correction)。利用传感器参数进行辐射校正和几何校正。对于海平面高度的低海拔地区,几何精度在 250m 以内。

L1Gt 级产品,即系统级地形校正产品(Systematic Terrain Correction)。利用传感器参数进行几何校正,同时利用 DEM 数据进行地形校正。

可获得的 Landsat 影像数据可以分为两类。

一类是 Landsat 1-3 MSS(多光谱扫描仪)传感器的影像数据,共 4 个波段,所有波段的原始空间分辨率为 79m,下载得到的数据分辨率已由 USGS 网站处理为 60m;扫描范围约为 185km×185km;卫星回访周期为 18 天。覆盖江苏省全部海岸线需要三景影像,从北到南的条带号(Path、Row)依次为(129、036)、(128、037)、(127、038)(图5-1)。可获得数据的时间跨度为 1973—1983 年。

另一类是 Landsat 4、Landsat 5、Landsat 7 卫星的影像数据,其传感器包括 MSS、TM(专题制图仪)和 ETM+(增强型专题制图仪)。MSS 传感器的空间分辨率、图幅范围与 Landsat 1-3 MSS 的数据相同。TM 影像数据有 7 个波段,除 6 波段(热红外波段)的空间分辨率为 120m 外,其他波段的分辨率为 30m。扫描范围约为 185km×185km。ETM+ 影像数据有 8 个波段,6 波段(热红外波段)的空间分辨率为 60m,8 波段为全色波段,空间分辨率为 15m,其他波段分辨率为 30m。扫描范围与其他传感器大致相同。卫星回访周期为 16 天。覆盖江苏省全部海岸线需要三景 Landsat 4、Landsat 5 或 Landsat 7 卫星的影像,从北到南的条带号(Path、Row)依次为(120、036)、(119、037)、(118、038)(图5-2)。最南端一景(118、038)影像可获得数据的时间跨度为 1987 年至今,其他两景为 1983 年至今。

其中,Landsat 5 卫星太阳能阵列驱动器于 2005 年 11 月下旬出现故障,停止成像一段时间后,于 2006 年 1 月恢复运行。2011 年 11 月 18 日,由于 Landsat 5 卫星上的放大器迅速老化,目前已停止获取遥感影像。Landsat 7 卫星从 2003 年 5 月 31 日起,由于 ETM+ 机载扫描行校正器(Scan Lines Corrector,简称 SLC)发生故障,所有影像都出现条带状数据缺失,每景影像的缺失比例约为 22%。边缘处缺

图 5-1　江苏省海岸线 Landsat 1~3 遥感影像覆盖情况

图 5-2　江苏省海岸线 Landsat 7~8 遥感影像覆盖情况

失最为严重,向景中心逐渐减小,一级数据产品(L1G、L1Gt、L1T)的每景影像中间有约 22km 宽的数据是完整的(图 5-3)。数据缺失条带的最大宽度相当于一个完整扫描线的宽度,为 390~450m。缺失扫描线的精确位置随每景影像的位置不同而有所变化。SLC 故障之前的数据称为"SLC-on 数据",之后的数据称为"SLC-off 数据",可以采用 SLC-off 模型修复。另外,2003 年 5 月 31 日至 2003 年 7 月 14 日以及 2003 年 9 月 3 日至 17 日之间未获取数据。

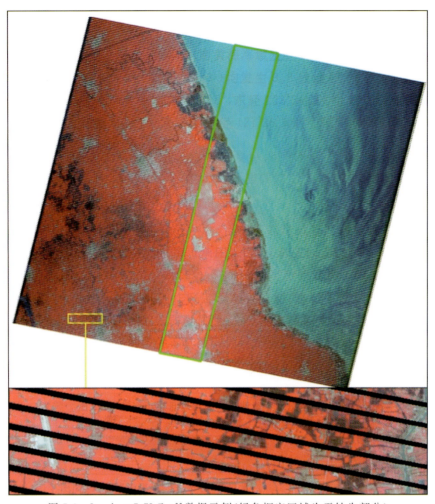

图 5-3 Landsat 7 SLC-off 数据示例(绿色框定区域为无缺失部分)

由于覆盖江苏省的三景影像分别位于不同的卫星运行轨道上,无法选择一系列同一成像时间的三景影像作为数据源进行分析,只能对三景影像分别进行分析。同时,考虑到江苏省海岸线的特点、数据本身的质量(如云覆盖、成像质量等)和数据的可获取性,本研究取大约 5 年为间隔选择影像数据。所选两类数据如表 5-1～表 5-3 所示。

表 5-1 所选(120、036)和(129、036)影像数据列表

编号	卫星	传感器	成像日期	成像时间
1	Landsat 1	MSS	1973-11-17	10:06:47
2	Landsat 3	MSS	1979-08-06	09:57:07
3	Landsat 4	MSS	1983-08-01	10:06:07
4	Landsat 5	TM	1988-10-09	10:07:11
5	Landsat 5	TM	1992-10-20	09:58:02
6	Landsat 5	TM	1998-05-30	10:14:15
7	Landsat 7	ETM+	2003-01-28	10:25:04
8	Landsat 7	ETM+	2008-05-01	10:26:38
9	Landsat 7	ETM+	2012-09-01	10:31:52

表 5-2　所选(119、037)和(128、037)影像数据列表

编号	卫星	传感器	成像日期	成像时间
1	Landsat 1	MSS	1973-11-16	10:01:28
2	Landsat 2	MSS	1977-08-20	09:34:27
3	Landsat 3	MSS	1979-05-25	09:52:31
4	Landsat 4	MSS	1983-11-14	09:59:42
5	Landsat 5	TM	1989-05-30	09:59:07
6	Landsat 5	TM	1993-05-25	09:53:18
7	Landsat 5	TM	2000-07-31	10:07:59
8	Landsat 7	ETM+	2008-08-03	10:19:36
9	Landsat 7	ETM+	2008-08-24	10:20:53
10	Landsat 7	ETM+	2012-05-05	10:25:20

表 5-3　所选(118、038)和(127、038)影像数据列表

编号	卫星	传感器	成像日期	成像时间
1	Landsat 1	MSS	1978-02-13	09:54:04
2	Landsat 2	MSS	1977-06-12	09:26:21
3	Landsat 2	MSS	1981-12-24	09:44:28
4	Landsat 5	TM	1987-05-18	09:48:54
5	Landsat 5	TM	1993-06-03	09:47:33
6	Landsat 7	ETM+	1999-11-03	10:17:53
7	Landsat 7	ETM+	2003-10-29	10:13:25
8	Landsat 7	ETM+	2008-07-06	10:14:31
9	Landsat 7	ETM+	2012-09-19	10:20:28

二、遥感数据的处理

由于所选 Landsat 影像成像的环境条件各不相同，数据级别也有所差异，一部分影像的成像质量不甚理想，为了保证数据的一致性，需要首先对这些影像进行预处理以提高图像质量，为下一步精确的海岸线解译提供基础。常规的预处理步骤通常包括：图像配准、图像增强、去云、Landsat 7 ETM+影像的条带修复等。

1. 图像配准

所选择的大多数影像都是 L1T 级的数据产品，图像之间能够很好的匹配，但部分成像时间较早的 Landsat 1～3 的影像数据产品级别为 L1G 级，需要执行图像配准操作以保证几何精度的一致性。利用 ERDAS 软件，选择最近时期的数据作为参考影像，每景影像至少选择 30 个控制点，运用二次多项式模型进行几何校正。总体校正误差小于 0.5 个像元，最终采用三次卷积模型(Cubic Convolution)对图像进行重采样。配准后的图像能够满足应用的要求(图 5-4)。

a.配准前的图像　　　　　　　　　　　　　　b.配准后的图像

图 5-4　图像配准前后对比图

2. 图像增强

图像增强处理是不考虑图像降质的原因，根据具体的应用目的，采用一定的技术手段有选择地突出感兴趣的信息，同时抑制不感兴趣的信息，增强图像对比度，以改善图像的质量，使之更适于人机分析和处理，增强图像的解译力。通常可以把图像增强分为两大类：频率域图像增强和空间域图像增强。频率域图像增强是利用数学变换方法将原始图像变换到频率域，在频率域进行相应的处理，再将处理结果反变换回空间域，从而达到改善图像质量的目的。常用的数学变换方法有傅立叶变换、离散余弦变换、沃尔什-哈达玛变换、小波变换等。空间域图像增强是直接对原始图像像元进行运算的方法，包括点运算和邻域运算。其中，灰度变换、直方图修正法等都属于点运算，而邻域运算又包括图像平滑和图像锐化，利用卷积算子通过卷积的方法实现。本研究的目的是提取海岸线，对于部分质量不太理想的图像采用线性对比度拉伸的增强方法提高图像的对比度，从而更有利于海岸线的提取。由图 5-5 可以明显地发现，处理后的影像颜色更鲜明，对比更强烈，水陆边界更清晰，有利于目视解译。需要解译的海岸线标志物位于海陆交界处，尤其是滩涂周期性地被海水淹没，离海水越近其土壤含水量也越高，图像上表现出的色调也有所不同，可以帮助判读海岸线位置。增强后的影像不仅水陆边界清晰，而且海岸线标志物更为明显。

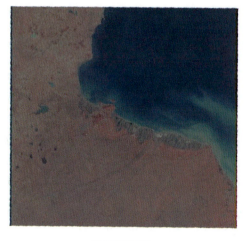 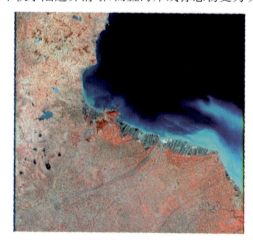

a.增强前的图像　　　　　　　　　　　　　　b.增强后的图像

图 5-5　图像增强前后对比图

3. 去云

去云一直是遥感图像处理、图像分析中的一大难点,去云处理也是遥感图像预处理中的一个必要环节。由于天气的原因,一些影像数据在成像的时候会或多或少地受到云或雾霾及气溶胶的影响。对于厚云覆盖的区域,由于云下面的地物反射率信息几乎完全被云层所阻挡,地面信息基本无法恢复,而对于影像中薄云或雾霾覆盖的区域,由于电磁波的穿透性,地物信息也被记录下来,因此可以采用一定的技术加以增强。常用的去除薄云或雾霾干扰的方法有同态滤波法、缨帽变换法、替换法等。同态滤波法将图像像元的灰度值简化为光源入射量与地面反射率的乘积。薄云通常空间范围较大,在频域上具有低频特性,而地物信息本身具有较多的细节和边缘,在频域上具有高频特性。因此,可以通过傅立叶变换将图像转换到频率域,然后利用高通滤波器对图像进行滤波,除去部分低频信息,起到去除云雾、增强地物信息的效果。缨帽变换法是针对多光谱影像数据去云的一种方法,缨帽变换产生的第四个分量被认为与云或雾霾是相关的,将其去除,然后反变换到 RGB 空间,便达到了去云的目的。而替换法是利用具有相同或相似成像季节和地面景物特征的无云影像数据替换有云区域的方法,这种方法可以去除厚云的影响。本研究采用 ERDAS 中的缨帽变换法去云功能,可以去除大部分的薄云,图像对比度得到大幅提升,效果比较理想(图 5-6)。

a.去云前的图像　　　　　　　　　　　　　b.去云后的图像

图 5-6　去云处理前后对比图

4. Landsat 7 ETM+影像的条带修复

如前文所述,由于 Landsat 7 ETM+机载扫描行校正器(SLC)故障导致 2003 年 5 月 31 日之后获取的图像出现了条带状,致使数据缺失,影响到 Landsat 7 ETM+遥感影像的使用,需要采用 SLC-off 模型加以修复。通常的修复模型有两种:多影像自适应局部回归分析模型和多影像固定窗口回归分析模型。前者利用多景不同时相的遥感数据,采用局部回归分析方法对一景影像进行缝隙填充,回归区域的面积为变化值,提取局部区域相关性最大的区域进行回归分析,选择局部区域面积最小、相关性最大的区域进行回归分析。该方法最大程度提高了影像修复质量,但需要较多的处理时间。而多影像固定窗口回归分析模型则利用多景不同时相的遥感数据,采用局部回归分析方法对一景影像进行缝隙填充,回归区域的面积为固定值。选择用来进行填充修复的数据,需要考虑到数据的时相、缝隙位置、地物的变化以及是否有云雪等因素。由于数据缺失条带出现的位置每一景影像都不尽相同,因此用来进行修复的数据可以是 Landsat 5 影像数据也可以是 Landsat 7 影像数据。本研究对影响到海岸线解译的部分 Landsat 7 ETM+影像数据采用多影像自适应局部回归模型进行修复,得到了非常满意的效果(图 5-7)。

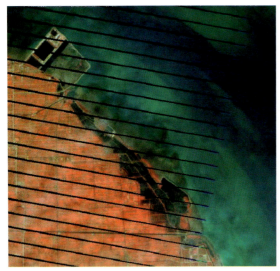
a.条带修复之前的图像

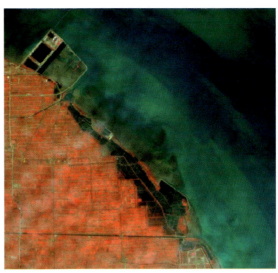
b.条带修复之后的图像

图 5-7　Landsat 7 ETM+影像 SLC 条带修复前后对比图

第二节　海岸线解译

一、海岸线与海岸线指标

简单地说,海岸线即指水陆的界面。但这一界面是一个时空高度动态的实体,受海岸过程、相对海平面上升、泥沙运动、气候变化及人类活动等因素的影响,海岸系统每时每刻都处于变化之中。现实当中很难找到一条确定的"海岸线",通常人们所说的"海岸线"实际上是一个海陆交汇的过渡带。但为了管理和研究上的方便,需要将这一过渡带建模为一条线性特征,并对其进行明确的定义。

考虑到海岸线的动态特性,人们常用海岸线指标(Shoreline Indicator)或代理海岸线(Shoreline Proxy)来表示真实海岸线的位置。只要能够用来指示真实海岸线位置的相对稳定特征的指标都可以用作海岸线指标。通常,海岸线指标可以分为可见海岸线指标和不可见海岸线指标两大类。Boak 等(2005)总结了常用海岸线指标的 45 个实例,共 28 种(图 5-8)。可见海岸线指标可以通过测量手段或者直接从遥感影像上解译得到,包括高水位线、低水位线、植被线、干湿线、护岸工程向陆一侧的边界、瞬时水边线、海崖的边界等。而不可见海岸线指标通常无法直接观测得到,需要通过一些数据推导得出,如平均高潮线、等深线、基于 Video 的海岸线等。其中,平均高潮线是通过海滩 DEM 数据和潮位数据计算得到的;等深线由水下地形数据插值得到;基于 Video 的海岸线指标则是通过记录一个潮周期内多条水边线,结合海滩高程数据、潮汐、波浪条件推算得出。

具体海岸线指标的选取应当依据工作区域自身的环境条件和针对的研究问题,同时也要充分考虑到海岸线指标在时间和空间上的动态性。不同的海岸线指标产生的误差也各不相同,Morton(2004)比较了高潮线和平均高潮线作为海岸线指标之间的差异。越是向陆的和地理位置越高的海岸线特征,其易变性越小,用于研究海岸演变也越可靠;反之,海岸线特征变化的频率和变化量就越大,误差也就越大,因此不宜用作岸滩演变的指标。

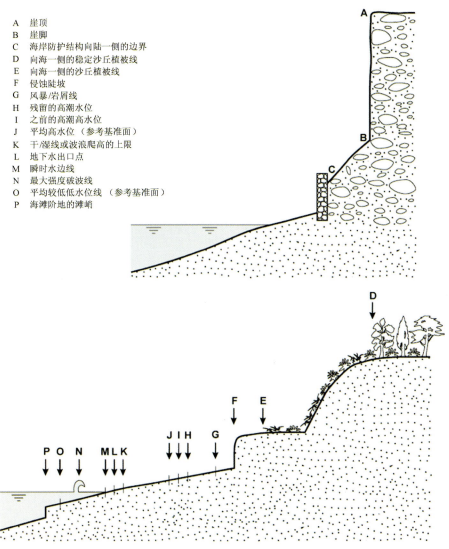

图 5-8 常用海岸线指标间的关系(据 Boak et al.,2005)

基于以上分析,本研究所指的海岸线是指为了管理和研究的目的,根据某一指标推导得到的用来代表海陆界面和指示海岸演变过程的线性要素。

二、海岸线解译方法

为了解译得到数字海岸线,需要根据具体海岸的特点选择合适的海岸线指标。就本次江苏省海岸线研究而言,一方面,近年来为促淤保滩而先后引进的潮间带植物大米草和互花米草在江苏潮滩快速蔓延,不仅使原来盐蒿滩的分布急剧退缩,而且大米草和互花米草盐沼植被带的前沿也大幅下移到高潮滩甚至中潮滩,给利用植被线作为海岸线指标解译数字海岸线的工作带来困难。另一方面,近几十年来江苏沿海地区经济大发展所带来的强烈土地需求使得沿海围垦造地工程的规模不断扩大,所修建的海堤不断向海域推进,其实际位置在理论上已位于海岸线向海一侧,因而目前江苏沿海岸线实际为一条人工海岸线。人工海岸线在遥感影像上成像特征明显,通常比较平直且清晰可辨认,易于目视解译(图 5-9)。因此,本研究采用最外侧的海堤作为海岸线指标。

海岸线的解译即数字化的过程,其方法可分为 3 类:手工数字化、自动数字化和半自动数字化方法。

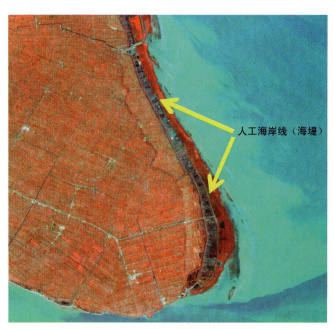

图 5-9 江苏沿海人工海岸线示例

手工数字化是借助一定的软件,根据从遥感影像上判读到的预先确定的海岸线指标,通过点击鼠标的方法逐点将其位置记录下来。这种方法效率较低,但精度有保证。自动数字化是利用自动数字化软件或一些软件的自动数字化功能,按照其算法设定相应的参数,由软件自动判断海岸线位置并将其保存到数字海岸线文件当中。这种方法效率高,但精度难以保证,尤其对于空间变化复杂的特征,全局提取精度往往不能够达到实际应用的要求。因此,实际应用中通常利用软件特征提取的功能来辅助手工数字化,或者对自动提取的矢量海岸线中不符合精度要求的岸段加以手工修正,即半自动化方法。这种方法既能保证效率又能保证精度,是具体实践中常用的方法。以下分别介绍 ERDAS 和 ArcGIS 中提供的快速矢量化功能在海岸线提取中的应用。

1. 基于 Easytrace 的海岸线快速提取

Easytrace 是对 ERDAS 软件中现有的矢量、AOI 和注释编辑工具增加的辅助特征提取功能。为了更精确地表达影像中的特征地物,传统的屏幕数字化方法往往需要用户在地物(如河流、道路、海岸线等)弯曲部分点取更多的顶点,这就对数字化人员的专业素质提出了更高的要求,同时也是屏幕数字化效率低下的关键所在。而 Easytrace 能够按照预先设定的参数在鼠标落点附近或用户点取的两点之间自动提取地物特征,并插入顶点,最大限度地减少点击鼠标的次数,从而可以显著提高矢量化的效率。该工具可以处理任何 ERDAS 支持的栅格数据,在绝大多数情况下不需要对数据做预处理,而且可以设定不同的特征类型(如边缘、中线、双线)和跟踪模式(如 Rubber Band 模式、离散模式、流模式和手工模式),能够适用于不同的数据类型和对象特征(图 5-10)。

2. 基于 ArcScan 的海岸线自动提取

ArcScan 是 ArcGIS 软件中的一个扩展模块,也是一个更为灵活的栅格数据矢量化工具。不同的是 ArcScan 只能处理二值图像,用户首先需要对原始待矢量化图像进行二值化处理,加载矢量图层并使矢量图层处于编辑状态,才能够激活该工具。ArcScan 提供了交互式矢量化模式和自动矢量化模式。当需要更精确地控制矢量化过程或仅对一小部分数据进行矢量化时,矢量化跟踪工具可以对需要矢量化

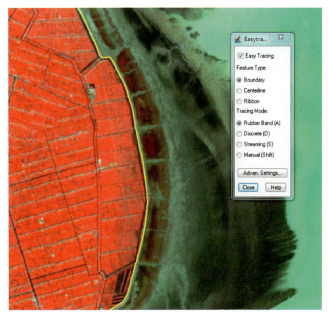

图 5-10　ERDAS 软件智能矢量化示例（黄线为矢量化结果）

的栅格数据跟踪生成矢量要素。在工作量大的情况下,可以使用自动化处理。不过虽然自动矢量化简单快捷,但由于不同空间区域的地物特性有所不同,每景影像的质量也参差不齐,不能做统一处理,人机交互式的矢量化模式就把自动矢量化和人工解译的优点结合起来,很好地解决了这一问题。

由于 ArcScan 只能处理单波段栅格数据,而且需要首先做二值化处理,因此对于从遥感影像中提取较复杂地物而言,很多时候直接对原始数据的一个波段二值化处理使用往往得不到理想的结果。这时,就需要对原始影像做相应的预处理。比如,若要提取水体,可以使用原始影像计算水体指数;若要提取建筑用地,可以计算归一化建筑指数;提取植被可以计算植被指数等。然后对计算结果做二值化处理,作为矢量化的直接数据源。

在本书中,我们采用的是半自动化的矢量方法,并在处理过程中,根据每一景影像的不同特点,采用了不同的处理方式,即自动化程度各有不同。对于空间分辨率较低、成像质量稍差的 Landsat 1～3 MSS 数据或受云雾影响的其他数据,更多地采用了手工数字化的方法,以保证数字化的精度。而对于分辨率较高、成像质量较好、特征明显的影像数据,更多地采用了自动化的处理方法,以提高数字化的效率。图 5-11 是利用 ArcScan 工具自动提取海岸线的示例。图中右半边是原始影像数据 4、3、2 波段组合的显示结果,可以看出图像质量较好,陆地与滩涂的分界线即是大堤,特征非常显著。

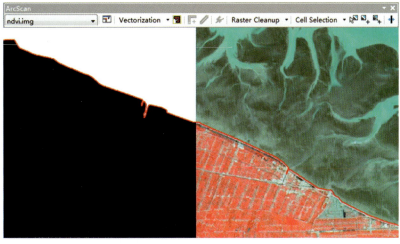

图 5-11　基于 ArcScan 的海岸线自动提取示例

因此,我们根据该数据的特点,首先计算原始数据归一化植被指数(NDVI),对计算结果选定阈值进行二值化处理,然后对二值化图像进行清理操作得到的结果,即如图5-11左半边所示。最后利用ArcScan工具进行自动矢量化处理,得到了非常好的结果,图中红线就是自动提取得到的矢量海岸线。

最终提取得到的矢量海岸线如图5-12所示。

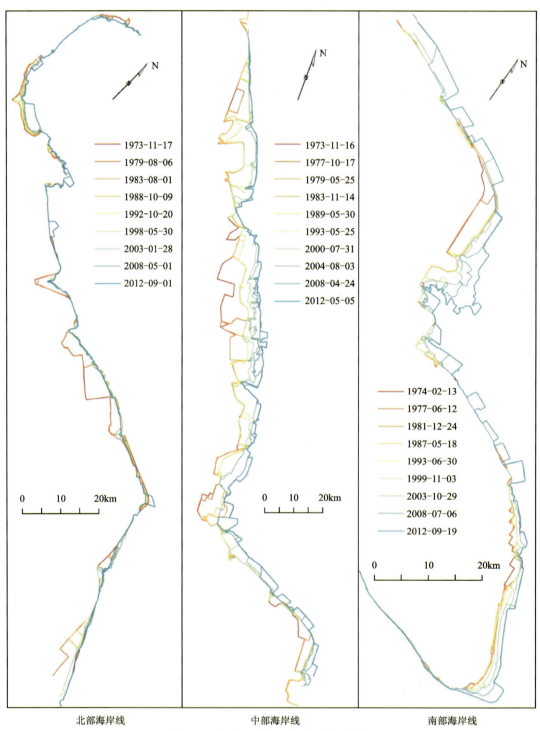

图5-12　最终提取得到的矢量海岸线

第三节 海岸线变化量测与表达

获得了数字海岸线,接下来就需要从时间和空间上定量地描绘海岸线的变化,常规的有两类方法:面积差法和断面法。前者通过计算各时间段海岸线所包围面积的差值来获取海岸线的变化情况。这种方法计算简单,但只能得到某一区域海岸线在时间维度上的变化率,而无法获得空间上的变化模式。而实际当中,由于近岸带泥沙、动力条件等差异,沿岸方向上各处的海岸线演变模式并不一致,因此需要采取一种采样策略来获取工作区内各岸段及总体的海岸线变化情况。断面法就解决了这一问题,所以断面法也是最常用的方法。

一、断面法

断面的合理性关系到海岸线演变速率的计算和对冲淤规律的正确认识。研究者们提出了多种断面方法,如中心辐射状断面和拓扑约束断面法(Topological Constrained Transect Method,简称 TCTM)、基于地形梯度的正交断面方法等。这类方法认为,由于海岸线的所有几何变化都是冲淤现象的最终结果,因此通过建模海岸线的变化来研究内在的海岸演变过程是合理的。

在中心辐射状断面向陆一侧确定一个基点,由基点出发按照某一角度间隔,向海的方向作若干条直线作为断面;而在垂直断面则向陆或向海一侧选择一些海岸基线,沿基线等距地向海或向陆的方向作垂直于基线的直线作为断面;TCTM 断面法试图通过定义两条相邻海岸线各自的包括节点和拐点在内的关键点,来跟踪海岸线运动的真实轨迹。中心辐射状断面仅适用于对较为规则的扇形三角洲海岸进行近似分析。虽然 TCTM 断面法的思想较中心辐射状断面和垂直断面更为接近实际,但关键点的选取带有很强的主观性,而且还需要满足一定的限制条件,因此该方法还有待完善。基于地形梯度的正交断面法的特点是,可适用于不同类型的海岸线。对于平直海岸线,所构造出来的断面接近于垂直断面法,尤其对于空间变化较复杂的非平直自然海岸线,该方法能够更为真实地描述海岸线的运动模式和演变规律。而垂直断面法假设沿岸方向上泥沙均匀分布,海岸线平行于海岸移动。垂直断面法忽略了沿岸方向上海岸线演变的差异性,因此它的适用范围只能是变化较为规则的平直海岸线,如动力条件较为简单的沙质海岸线,而对于较为复杂的海岸线还存在问题。但垂直断面法构造简单、计算效率高,在许多实际海岸线分析中得到广泛的应用(图 5-13)。美国地质勘探局(USGS)提供的用于计算海岸线变化率的软件"数字海岸线变化分析系统(Digital Shoreline Analysis System,简称 DSAS)"使用的就是垂直断面法。

基线(Baseline)是断面的起点,是海岸线变化分析的重要元素。基线可以分段位于向陆和向海的一侧,但不能与海岸线相交(图 5-13)。基线的获取有 3 种方法:①创建要素,手工绘制和编辑一条新的基线;②通过对已有的海岸线做缓冲区(Buffer)的方法生成基线;③使用已有的基线。通过缓冲区创建基线的步骤是在 ArcGIS 软件中,首先将所有海岸线合并为一个要素,选择合适的参数创建缓冲区;然后对缓冲区进行编辑,删除不需要的部分,对剩下的部分进行修改,使其符合应用的要求。

基线生成后,沿基线向海岸线一侧作垂线即断面,断面与海岸线相交,沿每一条断面测量各条海岸线到基线的距离,就可以计算出海岸线变化速率。

二、海岸线变化率的计算

海岸线变化率的计算主要采用统计学的方法。Genz 等(2007)对不同的计算方法进行了较为系统

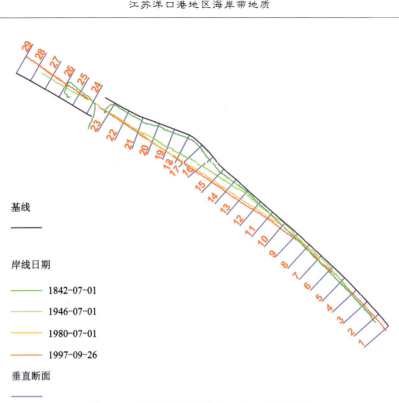

图 5-13 垂直断面(数据为 DSAS 示例数据)

的比较研究,包括端点法(End Point,简称 EP)、速率平均法(Average of Rates,简称 AOR)、最小描述长度法(Minimum Description Length,简称 MDL)、Jack Knife(JK)方法、普通最小二乘法(Ordinary Least Squares,简称 OLS)、重加权最小二乘法(Reweighted Least Squares,简称 RLS)、加权最小二乘法(Weighted Least Squares,简称 WLS)、最小一乘法(Least Absolute Deviation,简称 LAD)、加权最小一乘法(Weighted Least Absolute Deviation,简称 WLAD)等。而 DSAS 软件所采用的方法主要有端点法、线性回归方法(Linear Regression,简称 LR)、加权线性回归方法(Weighted Linear Regression,简称 WLR)和最小中位数平方法(Least Median of Squares,简称 LMS)4 种。以上方法各有优缺点,如 JK 法对于高量级($10''$)的数据才能显示出最佳效果;对于离群点,OLS 方法非常敏感,而 LMS 方法却不受影响;大量中间值会对 LMS 方法产生重要影响,而 OLS 方法却是有效的。当对于只有 10 条左右的海岸线数据的统计而言,各种方法的差异性很难显现。因此,下面对其中 3 个最常用的方法加以说明,包括端点法、线性回归法和加权线性回归方法。

1. 端点法

时间跨度最大的两条海岸线的距离除以对应的时间间隔,就得到相应的海岸线变化率 EPR(End Point Rate),可用下面的式子表示:

$$\mathrm{EPR} = \frac{y_2 - y_1}{t_2 - t_1} \tag{5-1}$$

式中,y_2、y_1 分别为时间 t_2、t_1 的海岸线位置,沿断面量算。

端点法的主要优点是只需要两条海岸线数据,易于计算和使用。同时,这也正是其缺陷所在,当多于两条海岸线存在的时候,中间时刻的海岸线数据将被忽略,从而失去了许多重要的有关海岸线演变的趋势、周期性等方面的信息。如果所采用的两条海岸线数据存在较大误差的话,得到的 EPR 值将非常不准确。为此,人们常采用 EPR 方法的一些改进版本,AOR 方法就是其中之一。

2. 线性回归方法

线性回归方法利用最小二乘法拟合一条所有数据的最佳趋势线,其斜率即求得的海岸线变化率。这种方法使用了所有的海岸线数据,也便于使用,许多分析软件如 Excel、SPSS、Matlab 等都有现成的功能函数。但其缺点是对离群点非常敏感,而且与其他方法(如端点法)相比往往会低估海岸线变化率的结果(Dolan et al.,1991)。线性回归的好坏可以通过估计标准差、斜率标准差以及决定系数 r^2 来评价。JK 方法是线性回归方法的一种改进版本,它在每次回归分析时都略去 1 个数据,然后将所有分析结果的平均值作为最后的计算结果。

3. 加权线性回归方法

加权线性回归考虑到数据精度的影响,更可靠的数据给予更高的权重。权重 w 被定义为不确定性方差的函数,通常用下式计算(Genz et al.,2007)。

$$w = \frac{1}{\sigma^2} \tag{5-2}$$

式中,σ^2 为不确定性的方差。

当所有年份的海岸线数据精度相同的时候,加权线性回归与一般的线性回归方法等同。与线性回归类似,加权线性回归的结果也可以通过估计标准差、斜率标准差以及决定系数 r^2 来评价。

三、基于 DSAS 的海岸线变化统计

DSAS 是美国地质勘探局开发的用于数字海岸线变化专题分析的 ArcGIS 扩展模块,以下版本为 4.3.4730(图 5-14)。

图 5-14 DSAS 工具条

利用 DSAS 计算海岸线变化率包括如下步骤。

(1)数据准备。确保所有相关的数据满足以下要求:所有数据必须具有投影坐标系,单位为 m;基线要素类(以 Geodatabase 数据库为例)的"ID"字段的值必须大于零(图 5-15);海岸线要素类(以 Geodatabase 数据库为例)至少应有两个时间点的海岸线(图 5-16);海岸线属性表必须包含一个"Date_"字段和一个"Uncertainty"字段。

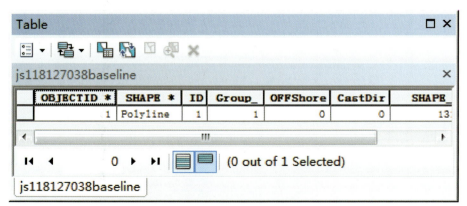

图 5-15 基线属性表

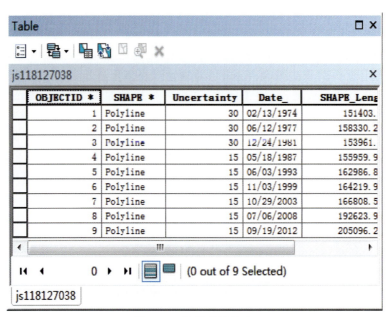

图 5-16 海岸线属性表

(2)参数设置。参数设置对话框包括 3 个选项卡,分别对应基线和断面参数、海岸线参数、元数据参数(图 5-17)。

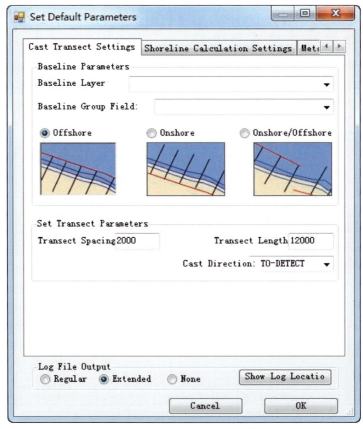

图 5-17 DSAS 参数设置对话框

(3)计算断面。需要设置断面的存储位置、断面名称及断面生成方式等(图5-18)。

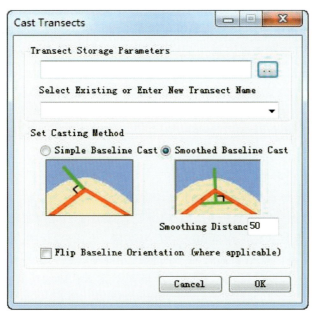

图 5-18　计算断面对话框

(4)修改断面。如果所生成的断面部分不能够满足要求,可以在 ArcGIS 环境中加以修改。

(5)计算海岸线变化统计量。包括6种统计方法:SCE 为海岸线变化范围,即每一条断面上最近海岸线与最远海岸线之间的距离,与时间无关;NSM 为海岸线净移动距离,即每一条断面上最近时间点和最远时间点上两条海岸线之间的距离,与时间相关;剩下的是4种计算海岸线变化率的方法,依次为端点法、线性回归方法、加权线性回归方法和最小中位数平方法。其他的参数还包括用来计算海岸线变化率的最小海岸线数目和置信区间(图5-19)。

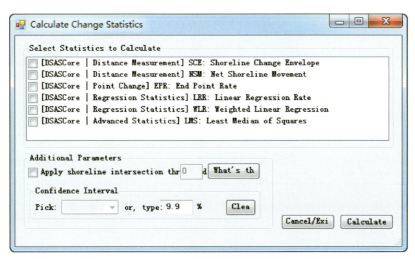

图 5-19　计算海岸线变化统计量对话框

四、不确定性分析

从数据处理到计算得到海岸线变化率,整个过程中会引入各种不确定性。总的来看,有5个方面的误差将对最终的海岸线变化率计算结果精度造成影响,包括季节误差(记为 E_s)、几何校正误差(记为

E_g)、地形校正误差(记为 E_t)、配准误差(记为 E_r)、数字化误差(记为 E_d)。

在以大堤作为海岸线指标的情况下,理论上选择冬季的影像植被最少,植被的生长状况对判读大堤实际位置的影响也最小。但由于 Landsat 数据自身的特性,工作区内数据的可获取性和可利用性受到限制,本书所选影像的成像日期涵盖了一年中的所有月份。而在不同季节,大堤附近不同的植被长势自然会对解译大堤的准确位置带来不同的影响。春冬两季影响最小,E_s 设为 0.5 个像元;夏秋两季影响最大,E_s 设为 1 个像元。

几何校正误差和地形校正误差为影像提供下载之前处理产生的误差,都可以在元数据文件中查找得到,分别表示为"Geometric RMSE Model"和"Geometric RMSE Verify",前者以 m 为单位,后者以像元为单位。

配准误差是将图像下载到本地之后,对于那些空间位置不能够很好匹配的数据进行图像配准产生的误差。因此,E_r 的值为配准过程中实际产生的总体误差。

数字化误差是提取矢量海岸线的过程中产生的误差。为消除不同数字化工作人员所引入误差的差异性,本研究所有用到的影像数字化工作都由一个人来完成。E_d 的理论值是多位专业数字化工作人员重复数字化结果误差的标准差。E_d 的值需针对不同空间分辨率的数据分别计算。

以上误差都是不相关的,因此能够用一个单一的量度来表达总体的位置不确定性(U_t)。

$$U_t = \pm \sqrt{E_s^2 + E_g^2 + E_t^2 + E_r^2 + E_d^2} \tag{5-3}$$

由此得到的各条海岸线的位置不确定性如表 5-4~表 5-6 所示。使用加权线性回归方法(WLS)计算海岸线变化率时,5 种误差能够被传播到最后的海岸线变化率的计算结果中。最终海岸线变化率的不确定性将包含每一条海岸线的不确定性和海岸线变化率计算模型的不确定性。

表 5-4 由(120、036)和(129、036)影像提取海岸线的位置不确定性

编号	数据源	海岸线日期	不确定性
1	Landsat 1 MSS	1973-11-17	98.651
2	Landsat 3 MSS	1979-08-06	72.211
3	Landsat 4 MSS	1983-08-01	71.930
4	Landsat 5 TM	1988-10-09	31.303
5	Landsat 5 TM	1992-10-20	31.222
6	Landsat 5 TM	1998-05-30	31.202
7	Landsat 7 ETM+	2003-01-28	17.390
8	Landsat 7 ETM+	2008-05-01	31.167
9	Landsat 7 ETM+	2012-09-01	31.232

表 5-5 由(119、037)和(128、037)影像提取海岸线的位置不确定性

编号	数据源	海岸线日期	不确定性
1	Landsat 1 MSS	1973-11-16	43.430
2	Landsat 2 MSS	1977-08-20	40.732
3	Landsat 3 MSS	1979-05-25	66.294
4	Landsat 4 MSS	1983-11-14	62.620
5	Landsat 5 TM	1989-05-30	31.009
6	Landsat 5 TM	1993-05-25	31.000

续表 5-5

编号	数据源	海岸线日期	不确定性
7	Landsat 5 TM	2000-07-31	31.311
8	Landsat 7 ETM+	2008-08-03	31.169
9	Landsat 7 ETM+	2008-08-24	17.279
10	Landsat 7 ETM+	2012-05-05	30.963

表 5-6　由(118、038)和(127、038)影像提取海岸线的位置不确定性

编号	数据源	海岸线日期	不确定性
1	Landsat 1 MSS	1978-02-13	66.067
2	Landsat 2 MSS	1977-06-12	63.591
3	Landsat 2 MSS	1981-12-24	41.833
4	Landsat 5 TM	1987-05-18	30.978
5	Landsat 5 TM	1993-06-03	30.977
6	Landsat 7 ETM+	1999-11-03	16.894
7	Landsat 7 ETM+	2003-10-29	30.986
8	Landsat 7 ETM+	2008-07-06	30.950
9	Landsat 7 ETM+	2012-09-19	31.126

五、海岸线变化率的表达

在 ArcGIS 环境下利用 DSAS 4.3.4730 计算海岸线变化率。断面间隔约 1km,与海岸线的总体趋势基本垂直。沿每一条断面利用加权线性回归方法计算海岸线变化率(图 5-20),同时考虑每条海岸线的位置不确定性(U_{it})。每条海岸线位置的权重(w_i)等于总体位置不确定性平方的倒数,即

$$w_i = \frac{1}{U_{it}^2} \tag{5-4}$$

从式(5-4)可以得知,海岸线的位置不确定性越大,对趋势线的影响就越小,而趋势线的斜率就是海岸线变化率。正值表示淤涨或向海扩展,负值表示侵蚀。侵蚀岸段或淤涨岸段的长度等于对应的断面数乘以断面间隔(1km);侵蚀岸段或淤涨岸段的百分比等于相应的断面数除以总断面数。

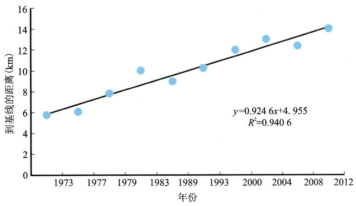

图 5-20　利用加权线性回归方法计算海岸线变化率示例

可获得的历史海岸线数据通常极为稀少（一般小于 10 条），而且具有极大的位置不确定性。因此，推导得到的海岸线变化率也往往具有较大的不确定性，导致一些海岸线变化率结果不具有统计意义。就本研究而言，如果一个变化率数值不能够显著地与 0m/a 区分就被认为是无意义的数值，即变化率值±不确定性值包含 0。但不具统计意义的变化率数值仍然提供了海岸线变化的最可能场景，这对海岸带管理和侵蚀风险评估是有价值的。当然有必要采用更为完善的统计方法来降低不确定性，以便为辅助更可靠和更科学的海岸带管理提供决策依据。

局部岸段平均海岸线变化率可以通过对应范围内所有断面上海岸线变化率的平均值求得。假设每条断面上加权线性回归的 95% 置信区间是随机独立的，那么局部岸段平均海岸线变化率的不确定性就可以通过下式（5-5）求得。

$$U_{\text{avg}} = \frac{\sqrt{\sum_{i=1}^{n} U_i^2}}{n} \tag{5-5}$$

式中，U_i 为每条断面上的不确定性。

最终得到的平均海岸线变化率及其不确定性往往要小于单个断面上的值，参与求平均的断面数越多，最终的平均不确定性就相对越小。为避免统计上的误差，平均海岸线变化率精确到小数点后两位，单个断面的海岸线变化率精确到小数点后一位。

第四节　海岸线变化时空动态

一、海岸线变化的时空动态分析

1. 变迁距离

1979 年 09 月 10 日至 2012 年 12 月 04 日射阳河口-北坎尖岸段海岸线向海推进距离如图 5-21 所示。根据选取的 90 个垂直断面统计分析，海岸线整体向海推进，平均推进距离约为 5517m，最大推进距离可达 13 286m（33 号断面）。仅 1979—1990 年间在方塘河口南侧（61~65 号断面）出现海岸线后退的情况，经查阅相关资料，该处为 1980 年黄沙洋潮汐水道系统末端王家槽西摆冲破围堤造成的。海岸线向海推进高值岸段主要在王港河口南侧和梁垛河口南侧岸段，低值岸段主要在新洋港和斗龙港之间海岸线（盐城国家级珍禽自然保护区核心区）和梁垛河口、方塘河口和掘苴闸 3 个河口区域（河口均建闸）。海岸线向海推进距离总体分布呈现中部高、两端低的特征：中部斗龙港—北凌闸之间除个别河口区域外推进距离均在 5000m 以上；南段推进距离较为平均，分布在 2500m 左右；北段射阳河口到新洋港岸段推进距离均在 4500m 左右。由于新洋港和斗龙港之间海岸线为盐城国家级珍禽自然保护区核心区，海岸线变化较小。

5 个时段的最大推进距离分别为 6223m、7219m、6881m、6735m、5099m，代表岸段为王港河口北侧（33 号）、新洋港口北侧（7 号）、川东港口南侧（44 号）、北凌闸北侧（65 号）、方塘河口北侧（60 号），可以看出随着海岸线向海不断推进，各时段的最大推进距离呈明显减小趋势。随着潮滩围垦由高潮滩逐步向低潮滩推进，潮滩并没有同时快速淤长，围垦规模受到限制，反映出了潮滩资源的有限性。

2. 变迁速率

海岸线变迁速率采用端点变化速率（End Point Rate, EPR）进行计算，选取端点为各时期海岸线与计算断面的交点。

$$\text{EPR} = \frac{d_2 - d_1}{t_2 - t_1} \tag{5-6}$$

式中,d_1、d_2 分别为 t_1、t_2 时期海岸线与基准年海岸线的距离(图 5-21)。

1979 年 9 月 10 日至 2012 年 12 月 4 日射阳河口-北坎尖岸段海岸线总变迁速率和各时期变迁速率如图 5-22 所示。根据选取的 90 个断面统计分析,1979 年以来海岸线向海平均推进速率为 166m/a,5 个时段平均向海推进距离和速率呈先快速增加后放缓的趋势,其中 1998—2004 年和 2004—2010 年两个时段总体平均推进速度最大,分别为 376m/a、256m/a。

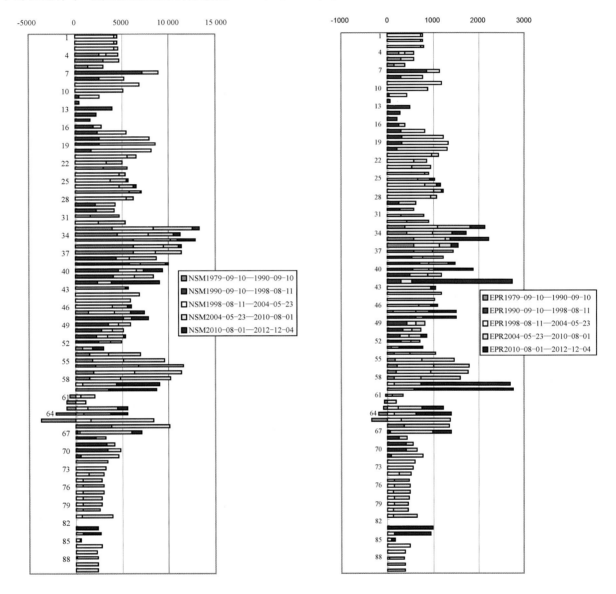

图 5-21　1979-09-10—2012-12-04 海岸线向海推进距离图
（以 1979 年为基准,单位为 m）

图 5-22　1979-09-10—2012-12-04 海岸线变迁速率图
（以 1979 年为基准,单位为 m/a）

3. 海岸线变迁特点

根据分时段的推进距离和速率统计分析可以看出,1979—1990 年和 1990—1998 年两个时段向海推进岸段分布呈分散状态,1998—2004 年和 2004—2010 年两个时段呈全面推进形势,2010—2012 年时间间隔较短,向海推进区分布在王港河口到北凌闸之间的局部岸段。

不同时期海岸线推进距离和速率的空间分布情况反映出1998年前各地方围垦是局部的,规模和强度均较小(表5-7)。1998年以来随着江苏沿海大规模开发,滩涂围垦的加速导致海岸线变迁范围大、强度高,在1998—2004年和2004—2010年两个时段最为突出。2010年后海岸线变迁主要发生在局部地区,变迁的强度也呈减弱趋势,这与近年来海洋行政管理部门通过了多项围填海管理文件《关于加强围填海规划计划管理的通知》(2009)、《围填海计划管理办法》(2011)等,加强了对围填海项目管理和限制情况。

表 5-7 海岸线推进距离和速率表

日期	平均推进距离(m)	平均推进速率(m/a)	最大推进距离(m)	代表岸段	最小推进距离(m)	代表岸段
1979-09-10—1990-04-15	456	43	6223	王港河口北侧（35号）	−3696	方塘河口南侧（65号）
1990-04-15—1998-08-11	907	109	7219	新洋港口北侧（7号）	0	北凌闸至北坎尖（66号）
1998-08-11—2004-05-23	2175	376	6881	川东港口南侧（44号）	0	川东港口南侧（44号）
2004-05-23—2010-08-01	1587	256	6735	北凌闸北侧（65号）	0	川东港口南侧（44号）
2010-08-01—2012-12-04	392	167	5099	方塘河口北侧（60号）	0	川东港口南侧（44号）
1979-09-10—2012-12-04	5517	166	13 286	王港河口北侧（33号）	−3696	方塘河口南侧（65号）

二、1970年以来江苏省的海岸线变迁

为便于叙述,按照数据来源并去除重复的部分,把江苏省海岸线分为3个区域,分别为北部海岸、中部海岸和南部海岸。北部海岸从江苏省最北端的绣针河口到运粮河口,海岸线长度约259km;中部海岸从运粮河口到南通市如东县滨海村,海岸线长度约291km;南部海岸从滨海村到崇启大桥北端,海岸线长度约168km。总长度约718km(图5-23)。

北部、中部海岸选用数据区间为1973—2012年,分别获取数字海岸线9条和10条,分别生成断面数178个和193个;南部海岸线选用数据区间为1974—2012年,获取数字海岸线9条,生成断面114个(表5-8)。

由于江苏省大部分海岸已为人工海岸,利用遥感影像解译得到的也是大堤的边界,海岸形态主要受人类活动的影响和控制。因此,以下所述淤涨即指人工围垦的向海扩张,而非自然淤涨,甚至部分向海推进缓慢的岸段很可能是自然状态下的侵蚀岸段,但侵蚀与自然的海岸蚀退一致。根据统计结果,并排除无意义的统计值,可以得到江苏省海岸线的总体变化情况(表5-9)。北部海岸线平均变化率最小,为15.18±0.96m/a,淤涨岸段长度114km,约占北部海岸的64%,侵蚀岸段长度48km,约占北部海岸的27%;中部海岸线的平均变化率最大,为186.87±2.73m/a,全部为淤涨海岸;南部海岸线的平均变化率约54.85±2.22m/a,无侵蚀岸段。

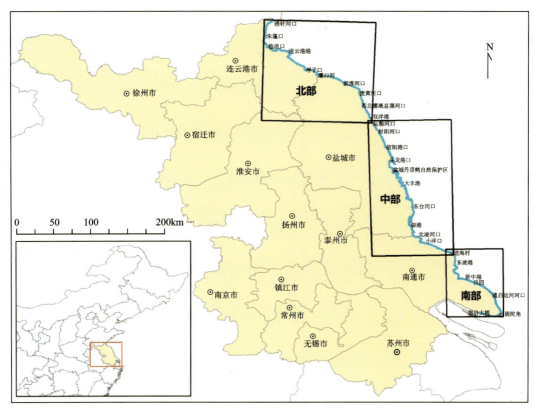

图 5-23 本研究对江苏省海岸线划分的 3 个分区

表 5-8 采用的历史海岸线数目和时间区间

区域	时间区间(年)	海岸线数目(条)	断面数目(个)
北部海岸线	1973—2012	9	178
中部海岸线	1973—2012	10	193
南部海岸线	1974—2012	9	114

表 5-9 江苏省各部分海岸线变化总体情况

区域	平均海岸线变化率(m/a)	淤涨岸段		侵蚀岸段	
		长度(km)	百分比(%)	长度(km)	百分比(%)
北部海岸线	15.18±0.96	114	64	48	27
中部海岸线	186.87±2.73	192	100	0	0
南部海岸线	54.85±2.22	114	100	0	0

1. 江苏省北部海岸

江苏省北部海岸所在的县(市)行政区有赣榆县、连云港市、灌云县、响水县、滨海县和射阳县。该区集中了江苏省所有的海岸类型。绣针河口至兴庄河口为砂质平原海岸,西墅至烧香河北口为基岩海岸,兴庄河口至西墅及其余部分岸段为粉砂淤泥质海岸。

从分析结果可以看出(图 5-24),主要的淤涨海岸位于兴庄河口至西墅、灌河口至新淮河口以及双洋港以南。最大淤涨速率为 114.18±19.76m/a,位于海洲湾临洪河口与西墅之间,该岸段为粉砂淤泥质海岸,2009年大面积的围垦对海岸线变化率的贡献最大。侵蚀海岸主要位于以废黄河口为中心的南北两侧,南侧至双洋港,北侧至新淮河口。最大侵蚀速率为-23.37±11.92m/a,位于废黄河口南侧(表5-10)。从海岸线变化率分析结果结合已有的文献资料还可以发现,一些原本侵蚀的海岸由于受到人为的影响已基本趋于稳定,海岸线变化率接近于零,如兴庄河口以北至拓汪镇、烧香河口以南至灌河口,但局部地区受近期围垦的影响,海岸线变化率有较大的增长。

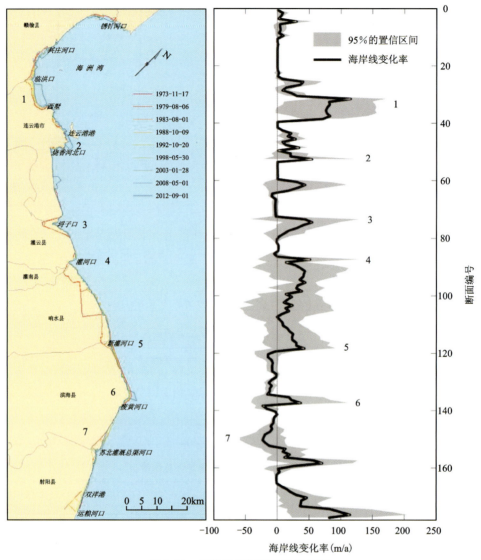

图5-24 江苏省北部海岸线变化率

表5-10 江苏省北部海岸线最大变化率

区域	变化速率(m/a)	位置
淤涨最快	114.18±19.76	海洲湾临洪河口与西墅之间
侵蚀最快	-23.37±11.92	废黄河口南侧

由图5-25的海岸线围垦面积变化情况可以看出,江苏省北部海岸线由于存在部分侵蚀岸段,围垦力度较小。局部的围垦主要发生在1973—1983年和2008年以后。1973—1983年间,围垦区域主要集中在埒子口、灌河口和新淮河口附近,增加围垦面积约120.4km²。1983—2008年间,扣除误差的影响

之后海岸线基本上未发生变化，少量的围垦主要位于临洪河口至西墅之间。2008—2012 年间，临近兴庄河口以南、临洪河口至西墅，以及废黄河口、苏北灌溉总渠入海口和双洋港附近均有围垦发生，新增围垦面积约 30.9km²。

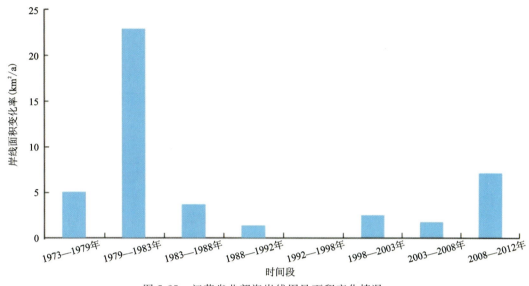

图 5-25　江苏省北部海岸线围垦面积变化情况

2. 江苏省中部海岸

江苏省中部海岸所在的行政区有射阳县、大丰市、东台市、如东县，主要海岸类型为粉砂淤泥质海岸。从海岸线变化率计算结果可以看出（图 5-26），淤涨较快的岸段主要位于射阳河口至北凌河口之间，其中新洋港口、大丰港和弶港附近淤涨最为迅速，淤涨速率多超过 100m/a，最快淤涨速率为 445.37±66.80m/a，位于射阳河口南侧。海岸线变化较慢的区域主要位于新洋港口至斗龙港口之间和北凌河口以南，海岸线变化率多小于 100m/a，最慢速率为 12.56±2.94m/a，出现在新洋港口南侧。其中，辐射沙洲即以弶港为中心，弶港潮滩是典型的淤涨型淤泥质潮滩。

从图 5-27 的海岸线淤涨的面积变化情况可以看出，江苏省中部海岸线的围垦速度较快，大体上可以 1979 年和 1993 年为界分为 3 个时段，1977—1979 年和 1993 年以后的围垦速度较快，1979—1993 年的围垦速度相对较慢。其中，1973—1977 年的围垦区域主要位于斗龙港和大丰港之间，1977—1979 年的围垦区域主要在大丰港和弶港附近。1979—1993 年围垦力度较小，主要发生在新洋港口、江界河口和弶港附近。1993 年以来中部海岸线几乎全线均有不同程度的围垦，累计新增围垦面积约 824.0km²，尤其以大丰港和弶港附近岸段围垦最为强烈。

3. 江苏省南部海岸

江苏省南部海岸包括如东县、通州市、海门市和启东市，为淤泥质海岸类型。从海岸线变化率结果可以看出（图 5-28），该区全部海岸都是淤涨海岸。从滨海村至新中港岸段为淤涨最快的部分，最快淤涨速率 287.48±83.55m/a，位于兵房港附近；其次是塘芦港至圆陀角岸段，平均海岸线变化率超过 50m/a。而新中港—吕四—塘芦港岸段为稳定型海岸，但近年来围垦力度较大。圆陀角至崇启大桥北岸的海岸基本没有发生变化。

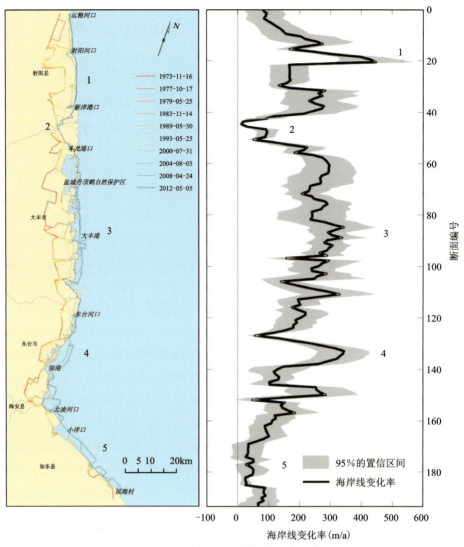

图 5-26 江苏省中部海岸线变化率

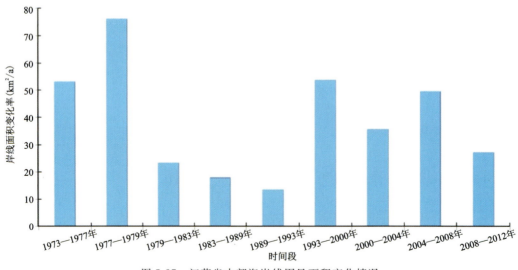

图 5-27 江苏省中部海岸线围垦面积变化情况

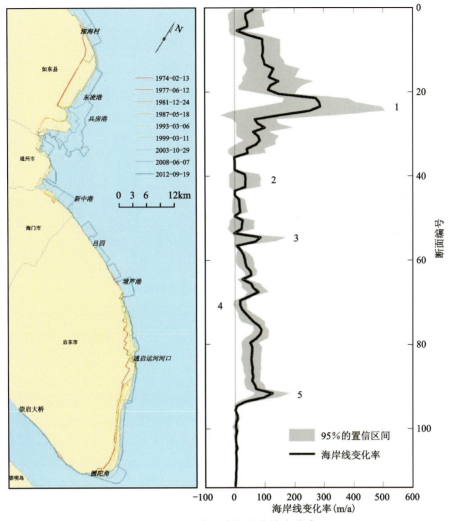

图 5-28 江苏省南部海岸线变化率

从图 5-29 的海岸线向海推进面积增长情况可以发现,总体上江苏省南部海岸的围垦力度呈递增趋势。1999 年之前围垦速度较慢,其中,1974—1977 年和 1981—1987 年基本没有围垦发生,1981—1987 年的负值应为海岸线解译误差所致;1977—1981 年的围垦主要位于东凌港附近,面积约 64.5km²;1987—1993 年的围垦主要发生在兵房港与环本港之间的区域,以及邻近圆陀角以北的岸段;1993—1999 年间的围垦力度较小,主要在吕四以南和圆陀角以北的部分岸段。1999 年以后围垦速度快速增长,至 2012 年累计增长面积约 214.1km²。1999—2008 年的围垦区域主要位于新中港以北及塘芦港至圆陀角之间,而 2008 年以来对吕四附近即新中港至塘芦港之间的岸段也进行了围垦。

4. 洋口港地区海岸

结合实地调查和人工海堤在遥感影像上的成像特征,确定海岸线目视解译标志进行提取。海岸线提取过程中,首先基于 1979 年 9 月 10 日影像提取海岸线,然后按时间顺序参考前一景影像海岸线提取结果逐次进行海岸线提取,以消除影像间由于几何校正和人工解译带来的空间误差。

由于工作区所处岸段为淤长型海岸,海岸线变迁表现为逐年向海推进。以 1979-09-10 海岸线为基准,对 1990-04-15、1998-08-11、2004-05-23、2010-08-01 和 2012-02-04 五个时段的海岸线向海推进距离和速率进行计算。运用国际上普遍采用 DSAS 模块进行海岸线变迁速率的定量计算。由于各个时期海

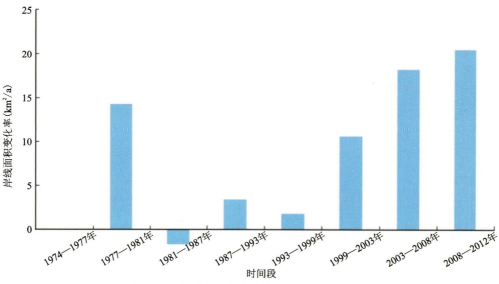

图 5-29 江苏省南部海岸线围垦面积变化情况

堤所代表的海岸线多为不规则的弯曲形态,为了便于统计和分析各段海岸线向海推进特征,根据海岸线总体趋势设置 3 个典型岸段计算基准线(图 5-30),自北向南沿基准线每隔 2000m 作等距垂线,通过各时期海岸线与垂线的交点之间的距离进行计算分析。

1979-09-10 至 2012-12-04 六个时期海岸线长度分别为 291.81km、277.90km、265.48km、287.26km、281.43km、281.59km。选取射阳河口至北坎尖之间 3 段直线距离(图 5-30 中的基准线总长度)180km 为基准,对 6 个时期的海岸线进行曲折度的计算,得到 6 个时期海岸线曲折度分别为 1.62、1.54、1.47、1.60、1.56、1.56。可以看出,人为滩涂围垦形成海岸线向海推进过程中,海岸线曲折度总体呈减小趋势并已趋于稳定,表现为海岸线平直化的趋势(图 5-31)。从海岸线分布可以看出,2004 年海岸线较长、曲折度较高,是由川东港口到王港河口以北区域出现大范围小规模的低标准养殖池塘围堤造成。

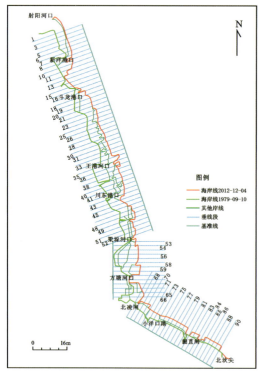

图 5-30 海岸线变迁计算垂线段分布图

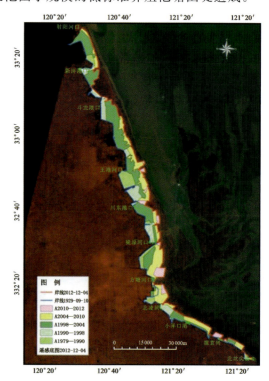

图 5-31 1979—2012 年滩涂围垦推进图

1979年海堤线与低潮水边线之间潮滩宽阔,大部分岸段达10km以上,由于沿海滩涂围垦局部推进和河闸下移外迁,海岸线曲折显著,海岸线总体趋势在梁垛河口和方塘河口之间的辐射沙洲内缘区岸段内凹明显。随着30多年来潮滩围垦向海推进加剧,2012年遥感影像中海堤线与低潮水边线之间的潮滩宽度缩窄显著,仅为3km左右,同时由于全线围垦活动加剧,海岸线曲折度明显降低,曲折相对明显区也主要是向海凸出的垦区或者垦区间的内凹区,仅有新洋港口和斗龙港口间的盐城国家级珍禽自然保护区岸段基本保持自然海岸线形态。

根据1979年和2012年的海岸线和低潮水边线可以看出,1979年海岸线虽曲折度更大,但由于潮滩宽阔,向海侧西洋水道的控制性低潮水边线整体较为平直,2012年海岸线整体趋于平直化,但低潮水边线在海岸线凸出的王港河口南北两侧呈明显的内凹形态。可见由于随着围垦工程向海急剧推进,潮滩宽度急剧缩窄,人工海岸线对岸滩地形的干扰明显。

第五节 海岸线变化生态环境效应

江苏省海岸线兼有基岩海岸、砂质海岸和粉砂淤泥质海岸3种类型,海岸演变极其复杂。

历史上的黄河与今日的长江给江苏海岸带来了巨量泥沙沉积,促进江苏沿海地区发育大量沙洲、沙滩与沙洲间的潮汐通道,沙洲、沙滩常称"沙",现在在岸外,还有东沙等沙洲、沙滩与沙岛等;潮汐通道常称"洋""港""汊""湾"等。在有大量泥沙继续补给的情况下,沙洲、沙滩不断淤高,并相继并陆,成为中部略高而内侧与外侧略低的"完善型海滩"。从1128年到20世纪30年代,江苏沿海海岸滩涂就是这样形成的,其特点就是那时候在滩涂上形成的,大部分地方成为了高沙砂质旱地,但其西侧与高沙滩地之间成为了河湖湿地,有的被开发为水稻田,有的被疏浚为河网。

在人工海堤以外,由沿岸流继续补给泥沙的情况下,较快发育"背叠式海滩"。靠堤的地方为潮上带较粗沙堆积,往海的方向潮间带淤积泥沙颗粒比较细,滩面坡度也比较小。但在海滩上依然有以前的河道洼地,有的被淤塞的河道洼地,后来被规划开发为水库湖荡。

河口海岸有洪水带来部分淤泥进入海岸滩涂,使该地的滩涂泥沙质地比较细,且有比较多黏泥。如果这部分滩涂被围垦,较有利于开发为水稻田,但不宜开发为水产养殖区。

一、影响因素分析

江苏省海岸带变化的这一特征主要受以下几个方面的因素所决定。

1. 全球性海平面上升

海平面上升是在气候变暖的背景下引发的公认的全球性环境问题,其主要影响是加剧海岸侵蚀和风暴潮灾害,引起潮滩湿地的侵蚀淹没损失,影响海岸防护工程的安全。江苏省沿海大部分区域地势低洼,最容易受到海平面上升的危害。江苏海岸突发性的蚀退均是由风暴潮引起的。如1981年14号台风使海州湾北部的沙岸后退110m。一次大风暴潮可使弶港局部岸段后退数10m,甚至造成海堤的溃决。《2011年中国海洋灾害公报》显示,"1109"号"梅花"台风风暴潮造成洋口港站风暴增水159cm,为本次台风最大风暴增水,吕四增水也超过100cm,造成水产养殖损失78km^2,防波堤损毁9.5km,道路损毁12km,因灾直接经济损失0.61×10^8元。

研究表明,江苏海岸潮滩水平淤进速度与当地海平面变化之间有着显著的线性相关关系。海平面上升,淤涨岸段的多年平均高潮位线仍将向海淤进,只是淤进速度可能有所减缓,而多年平均潮位线则向岸蚀退;侵蚀岸段,多年平均小潮高潮位线表现为向岸蚀退。而多年平均潮位线则向海淤进,与淤涨型岸段呈完全相反的变化趋势。预测显示,至 2050 年江苏沿海相对海平面上升幅度在北部岸段可能为 30~40cm,南部岸段可能达到 50~60cm。江苏省中部海岸由于岸外有辐射沙洲掩护,海平面上升对潮滩损失的影响相对较小。预计到 2050 年,斗龙港以北的潮滩损失只有 12%,斗龙港以南潮滩不会淹没损失,但淤涨面积将减少 24%左右。

国家海洋局发布的《2011 年中国海平面公报》显示,江苏省沿海海平面高于常年 70mm。盐城沿海受海平面上升等因素的影响,自然岸段的海岸侵蚀后退速度为 7~15m/a,有堤岸段普遍存在滩面下蚀的情况。其中滨海县废黄河口附近岸段为严重侵蚀性海岸,百年侵蚀面积超过 400km^2,20 年内滩面高程下降 10cm。预计到 2050 年,江苏沿海海平面将比常年升高 135~200mm,海平面的持续上升将对江苏海岸线的发育产生进一步影响。

2. 大河变迁

这里的大河变迁主要指黄河北归和长江口南迁。江苏省现今的海岸主要是由黄河在 1128 年以来塑造的。延续 700 余年的黄河夺淮期间,(7000~8000)×10^{8}t 的泥沙入海,使海岸迅速淤涨,并由以沙质海岸为主变成了以淤泥质海岸为主,淤泥质岸段的长度占整个江苏岸段的 90%以上。黄河夺淮给江苏海岸带来的大量泥沙在此发生堆积,而当黄河北归后部分岸段又开始发生侵蚀。

全新世初期海面低时,长江古河道流经本区入海,在海进过程中,弶港曾作为长江的入海口。长江携带的大量泥沙在入海口外沉积下来,形成以砂质砂为主的水下沙坝或浅滩。海面高时,海岸西推至今东台安丰一带的沙冈,原长江河口沙体也就隐于水下,成为苏北岸外沙洲以及现在的滨海平原的物质基础。以后长江口向东南移动,海岸缓缓向东淤进。

由于黄河北归、长江口南迁以及长江北支的退化,江苏海岸目前已无巨量的泥沙来源。灌河、沂河、沭河等相对小的河流不能成为影响江苏海岸演变的重要因素。目前的江苏海岸仍有相当长的海岸线处于淤积状态,其泥沙主要来源于其自身的海岸与近海海底。

3. 人类活动

江苏省淤泥质海岸的开发利用有着悠久的历史。唐宋时期,为了保护围垦的滩涂、农作物及相关生物,人类开始建造海堤,著名的范公堤就是在这个时期建成的。同时,大量的农业生产、渔业等人类活动也对潮滩自然环境产生越来越强烈的影响。此外,人类对入海河流及其流域的利用和改造,会导致入海泥沙量发生变化,从而引起海岸线发生变化。现代人类过度围垦、不合理修筑海堤和兴建各种港口与水利工程等都对海岸线的形态产生了重要影响。根据江苏省人民政府 2007 年颁发的《江苏省沿海开发总体规划》,今后将实施高涂围垦养殖,农用地填海和二、三产业建设用海填海工程,每年总体规模在 10×10^4 亩左右(约合 67km^2,1 亩≈666.67m^2)。这必将对海岸线的变化产生进一步的影响。近年来,潮滩植被对江苏省海岸的发育也有着重要影响。20 世纪 60 年代在江苏省海岸地区引进了英国大米草(Spartina Angelica),80 年代初期又引种了美国互花米草(Spartina Alterniflora),该类植被生长力及扩散能力非常强,尤其是互花米草,其蔓延速度最高可达到每年向海推进 1000m。目前,江苏北部潮间带中上部地区大部分已经被大米草和互花米草占据。研究发现,大米草滩的沉积速率是其上部盐蒿滩的 1.4 倍,而由于互花米草非常高大,缓流消浪、促淤固滩的效果非常明显,其造成的滩面淤积速率明显大于大米草滩和光滩。植被对潮沟的形态和空间规模也有一定的影响,有植被覆盖的潮沟比较稳定,摆动速度和幅度都很小。

二、生态环境效应分析

1. 江苏海岸是一个准封闭的泥沙系统

黄河北归、长江口南迁，以及北支河流分沙比减少，表明江苏海岸目前已无巨量泥沙的来源。灌河、沂河、沭河等较小河流不能成为影响江苏海岸的重大因素。江苏海岸之所以尚有相当长的海岸线处于淤积状态，原因在于其泥沙主要来源于江苏自身受侵蚀的海岸与海底。尽管江苏海岸带泥沙运动仍相当活跃，但可以认为目前江苏海岸带是一个准封闭的泥沙系统。

2. 辐射沙洲外围侵蚀，使外围沙洲向中心退缩

1930 年最北部与岸的对出位置（在新洋港口与射阳港口之间）上的北沙现已消失。1980 年最北部的亮月沙也仅北伸至与斗龙港以南对出的位置上，南移了 30km。20 世纪 90 年代末，又南缩了约 10km。因此，受辐射沙洲屏蔽的岸段长度也缩小了。

3. 隐性侵蚀向显性侵蚀过渡

潮下带和潮间下带滩面下蚀的岸段要比整个断面受蚀岸段长得多，这是海岸线后退的先兆。江苏潮滩宽阔，对于淤长型海岸，由于得到较多的泥沙供应，故整个断面均淤高。但对于刚开始由淤转蚀的岸段尽管得不到外界的泥沙供应，但潮下带侵蚀下来的泥沙，由于受潮滩细颗粒泥沙富集的机制控制，向岸运动，使得潮滩断面的上部仍可淤高，平均高潮水边线甚至向海淤进。但就整个断面已失去泥沙而言，应属侵蚀海岸。蒿枝港—连兴港、射阳港—斗龙港口的岸段就是如此。

4. 侵蚀岸段长度将增加，侵蚀强度也会增大

已有的研究成果表明，三四十年以来苏北的侵蚀岸段已不限于废黄河三角洲海岸，扩大到两侧的滨海平原海岸。20 世纪 70 年代，南侧蚀积界限在双洋河口附近，80 年代移至大喇叭口。据 20 世纪 90 年代测量，已南移到射阳河口以南的沙港闸附近（北距大喇叭口 75km）。此界线在 20 世纪 70—80 年代大约以 1km/a 的速度南移。近年来这一速度与废黄河三角洲的侵蚀现象逐渐弱化相适应，也在逐渐降低。

5. 江苏海岸有夷平的趋势

1855 年黄河北归以来，江苏海岸作为漫长的软质海岸缺少控制节点，平直化是大趋势。如果没有大型人工工程设施干扰，突出的废黄河三角洲将进一步被蚀退。凹入的港湾将由于辐射沙洲的中心区条子泥沙洲的并陆、三余湾随腰沙的完全并陆而被淤填。虽然小庙洪南侧处于侵蚀过程，但无妨平直化的大势。在估计江苏海岸冲淤动态及制定功能区划与开发规划时必须注意这种趋势。总之，由于泥沙来源少，海洋动力加强，受屏蔽岸段长度减少，江苏海岸将以多种形式表现出侵蚀加剧的趋势。

第六节 海岸线利用现状

江苏大陆海岸线长约 955.86km,其中粉砂淤泥质海岸线长 884km,约占海岸线总长的 93%,是江苏最主要的海岸类型。中部近岸浅海区发育有南黄海辐射沙脊群,南北长约 200km,东西宽约 90km。江苏沿海岸线功能分布较全,按照海岸线功能可分为 5 类:产业海岸线、生态海岸线、生活海岸线、市政海岸线以及预留海岸线(图 5-32、图 5-33),各海岸线类型的长度及其占总海岸线长度的比例如表 5-11 所示。

图 5-32 江苏海岸带海岸线资源分布图(北)

图 5-33 江苏海岸带海岸线资源分布图(南)

表 5-11 江苏省沿海各海岸线类型统计表

海岸线类型	产业海岸线	生活海岸线	生态海岸线	预留海岸线	市政海岸线	合计
海岸线长度(km)	396.18	137.51	117.11	163.62	141.44	955.86
比例(%)	41.45	14.39	12.25	17.12	14.80	100

从表 5-11 可以看出,产业海岸线长度达到 396.18km,产业海岸线主要是以各大港区和船舶制造业基地为主,是江苏沿海最主要的海岸线类型,占总长度的比例为 41.45%。其次是预留海岸线,预留海岸线主要是沿海未开发的滩涂区域,这一类型的长度为 163.62km,表明江苏沿海有着相当多的海岸线资源待开发和利用。生活海岸线、生态海岸线和市政海岸线的长度比较接近。生活海岸线主要是以沿海的村镇居民点为主。生态海岸线主要以湿地和自然保护区为主,这部分对于江苏沿海岸线而言,具有重要的意义:留足生态空间,依靠生态系统自然演替规律,从而维护江苏海岸的生态平衡,改善区域生态环境。市政海岸线主要以沿岸水库、市政基础工程设施为主。

南通市域沿海岸线全长约 206km,其中港口码头和工业海岸线约 89.8km,生态保护海岸线约

116.2km。沿海如东海岸线段规划港口海岸线长9.6km，即洋口港区，主要包括长沙作业区和环港作业区，利用烂沙洋深槽建设深水泊位。沿海启东市与海门市交界蒿枝港闸段海岸线，规划港口海岸线长13.7km，即吕四港区；如东境内洋口镇如东沿海经济开发区海岸线4.7km，长沙镇洋口港两侧工业海岸线共14.2km，如东东安科技园区海岸线约1.5km；通州滨海新城区海岸线约4.3km；海门滨海工业集中区海岸线约1.5km；启东市境内大唐电厂海岸线约5.3km，近海镇工业开发区海岸线约8.7km。南通市沿海地区除重点开发的港口及其周边的临港工业以及部分地区的生活海岸线和发展备用海岸线以外，其他海岸线均规划为生态保护海岸线。生态保护海岸线地区如需开发，需要经过充分论证，采用以据点开发为主的模式。

第六章 海岸带地质环境演变

第一节 沿海滩涂地质环境演变

江苏海域滩涂土地资源，按自然地貌特征分为已围垦潮上带、未围垦潮上带、潮间带、岸外辐射沙洲4部分，总面积约6520km²，占中国滩涂总面积的1/4，且每年仍以2万多亩的速度淤涨。其中我国最大的海岸沙体湿地——黄海辐射沙群，以14km²/a的速度向海扩展，是江苏不可多得的土地后备资源。但滩涂围垦开发也引起淡水资源紧缺、港口淤积和生态环境破坏等一系列问题，因此急需对江苏沿海滩涂资源进行地质环境评价，使滩涂资源开发利用走生态、经济协调统一的可持续发展之路。

一、沿海滩涂资源利用现状

江苏沿海滩涂利用方式主要有农田、港口、工业区、盐田、养殖场和自然保护区等。由于农业用地是滩涂围垦最主要的用地类型，面积最大，在全区大面积分布。

1. 港口区及工业区

江苏省港口区和工业区主要分布在连云港港区、洋口港区、大丰港区、吕四港区、射阳港区、灌河口港口群、盐城港滨海港区等港口工业区。

2. 主要养殖区

江苏省沿海养殖区包括连云港市、盐城市和南通市，本省沿海滩涂和浅海的大部分地区适宜海水养殖，养殖区分布较广，面积达$300×10^4$亩以上。"十二五"期间规划新建百万亩水产养殖基地，改造百万亩老化池塘，建设$60×10^4$亩潮上带优质高效养殖基地、$170×10^4$亩潮间带滩涂高效增养殖基地和$40×10^4$亩浅海绿色增养殖基地，实现近海养殖向浅海延伸，海洋捕捞向外海和远洋拓展。

3. 盐田区

江苏沿海盐田主要分布在绣针河口至临洪河口的青口盐场，临洪河口至灌河口的台北、台南、徐圩和灌西盐场，灌河口至王港口的灌东、三圩、响水和新滩盐场。

4. 自然保护区

江苏海洋和海岸自然生态保护区主要有射阳、大丰、东台湿地与沼泽生态系统保护区、辐射沙洲汇聚流生态系统保护区、蛎蚜山牡蛎礁保护区、长江口北支湿地生态保护区。生物物种自然保护区主要有：前三岛鸟类保护区、盐城丹顶鹤自然保护区、大丰麋鹿自然保护区、连岛植物物种自然保护区。

二、沿海滩涂资源动态变化

利用江苏省1979年1∶20万地形图和2008年1∶25万地形图，提取0m、−2m、−5m、−10m等深线，并分别统计两个时段海岸线至0m、−2~0m（包括东西连岛的面积）、−5~−2m、−10~−5m之间面积（表6-1、表6-2，图6-1）。海岸线至0m之间的面积为潮间带滩涂面积，即本书中探讨的海岸滩涂面积。−10~0m等深线之间的面积为近岸浅滩面积，随着社会经济发展对滩涂和海域需求的增大以及开发技术的进步，浅滩有可能发展成为沿海滩涂，为潜在的滩涂资源。

表6-1　江苏省1979—2008年不同等深线之间的海域面积及其变化

区间	面积（km^2）			年平均变化率（km^2/a）
	1979年	2008年	1979—2008年	
海岸线至0m等深线	5 043.43	3745	−1 298.43	−44.77
−2~0m等深线	1 183.96	1 450.28	266.32	9.18
−5~−2m等深线	2 715.41	2 407.49	−307.92	−10.62
−10~−5m等深线	5 780.82	5635	−145.82	−5.03

表6-2　1979—2008年海岸线至不同等深线的面积及其变化

区间	面积（km^2）			年平均变化率（km^2/a）
	1979年	2008年	1979—2008年	
海岸线至0m等深线	5 043.43	3745	−1 298.43	−44.77
海岸线至−2m等深线	6 227.39	5 195.28	−1 032.11	−35.59
海岸线至−5m等深线	8 942.80	7 602.77	−1 340.03	−46.21
海岸线至−10m等深线	14 723.62	13 238	−1 485.62	−51.24

1979年，江苏省海岸线到0m等深线之间的面积（大致相当于潮间带滩涂面积）为5 043.43km^2，到2008年减少至3745km^2，29年间减少了1 298.43km^2，平均每年减少44.77km^2；−2~0m等深线之间的浅滩面积增加了266.32km^2，−5~−2m、−10~−5m等深线之间的浅滩面积分别减少了307.92km^2、145.82km^2。利用遥感影像计算得出1980—2007年间潮间带滩涂围垦开发约984.47km^2，因此，海岸线到0m等深线之间面积的减少主要是因围垦导致。而−2~0m等深线之间面积的增加，可能与该等深线区间的淤积有关，淤积主要集中在−2m等深线以上部分。−5~−2m、−10~−5m等深线之间浅滩面积的减少，则与研究发现的江苏海岸大部分水下岸坡均曾经历或正在经历一定程度的受蚀后退和辐射状沙脊群外围冲刷的现象相一致。

由表6-2可知，1979—2008年江苏省海岸线至−2m、−5m、−10m等深线之间面积分别减少了1 032.11km^2、1 340.03km^2、1 485.62km^2，面积降幅呈增大趋势，主要原因可能是上部滩涂的围垦和下部浅滩的侵蚀。就驱动力而言，潮间带滩涂资源减少的主要原因分自然因素和人为因素。

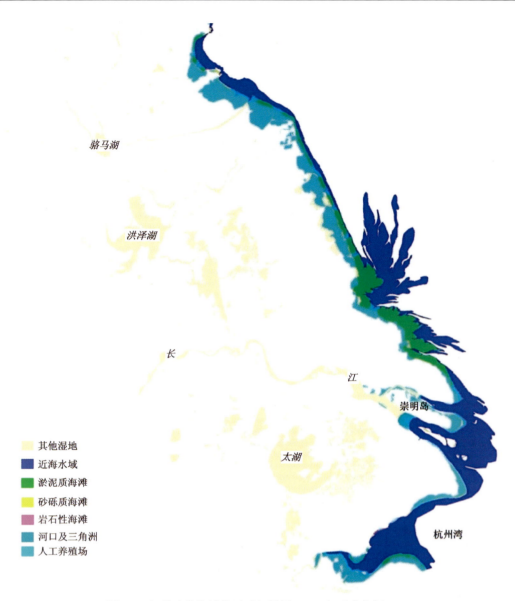

图 6-1 江苏省沿海滩涂遥感解译图(2007 年遥感数据)

如前所述,人工海岸线向海推进主要是由于滩涂资源的围垦开发,特别是 20 世纪 90 年代以后,随着江苏省经济的发展和沿海开发政策的引导,海岸线快速向海推进。0m 等深线向陆后退的原因主要是海洋动力作用,即潮流、波浪的作用和沿岸潮汐水道的发展。其中,滩涂围垦主要集中在 0m 等深线以上,潮间带滩涂在 1979—2008 年间减少了约 1 298.43km²,与 1979 年相比减少了约 25.7%。在此期间围垦开发潮间带上部滩涂约 984.47km²,占滩涂减少总量的 75.8%;剩余的 313.96km²,约占减少总量的 24.2%,则可能与 0m 等深线侵蚀后退有关。可见,就 0m 以上的滩涂资源而言,减少的主要原因是滩涂的围垦开发。

如果以 2008 年调查图集的地形图分析结果为准,现有潮间带滩涂(大致相当于 0m 等深线到海岸线之间的面积)为 3745km²。若以 -5m 和 -10m 等深线作为未来可以利用的水深范围或者有可能淤积成为滩涂的范围,那么江苏潜在的滩涂或者土地资源面积分别为 7603km² 和 13 238km²(图 6-2)。

图 6-2 江苏省沿海滩涂遥感解译图(2010 年遥感数据)

三、洋口港典型区滩涂资源质量特征

根据 2012—2014 年开展的洋口港地区地质环境调查,滩涂资源具有以下特征。

(1)随着围垦年限的增加,土地利用方式依次为潮间带、鱼塘养殖和农作物种植,颗粒机械组成表现为砂粒含量逐渐减少,粉砂粒含量逐渐增加,总体呈现出颗粒变细趋势。耕作方式主要为旱作农田,种植年限对土壤粒径变化具有一定影响,颗粒逐渐变细,土壤质量逐步改善。

(2)在潮滩沉积物、渔塘底泥、旱作农田土壤 3 种采样介质下,粒径与理化性质的相关关系具有差异。潮间带受人为影响最小,其沉积物粒度与理化性质的相关性较好,除 P、B、Sn、Cr 外,其余均达到极显著相关,且相关性强于其他两种介质。B 元素含量与粒径无明显相关性。

(3)不同介质含盐量有显著差异:荒地土壤>潮滩沉积物>鱼塘底泥>农田土壤。无机盐含量沿着垂直于海岸线的方向递减,整个工作区都具有高度的结构性。农用地盐分含量的空间变异减弱,变程也减小。

(4)工作区人为因素造成的重金属富集现象并不明显,重金属元素分布的空间差异主要由粒度效应导致。N、P、S 在剖面上表现出表层富集的现象,Cl、Na_2O、Al_2O_3、SiO_2、Cr、Mn、TFe_2O_3、Co、Ni、Cu、Zn、Pb、Rb、Sn、Sb、F 等在剖面上未表现出明显的变化趋势。

第二节 辐射沙洲地质环境演变

一、辐射沙洲群

江苏海岸外海的水下地形,是一个巨大的古三角洲——辐射沙脊群沉积体系,是由于河海交互作用在开阔海域持续不断地沉积的结果。

长江、黄河曾先后在南黄海海域入海,堆填了古海湾成为苏北平原,在江苏海岸线外的陆架海域遗留着巨型的三角洲体系,大体上以弶港(32°39′50″N,120°54′25″E)为中心,向东延伸至 30m、50m 等深线处,东北侧约在 34°17′43″N,122°14′14″E 处;北端可达连云港市东西连岛以东的外海(34°45′58″N,119°41′25″E)及 30m 水深处(34°50′8″N,119°56′58″E);达山岛、车牛山岛当时为海岸带的岛屿,而如今距现代海岸线分别为 66.99km、55.37km;三角洲的东南侧(32°00′18″N,122°43′59″E),以东可达 50m 水深;而南端定位在长江口南岬(32°52′26″N,121°52′55″E),大体上以-30m 等深线为外界,将上述各外缘点连接,呈现出一幅完整的褶扇扇面。

在三角洲体北部叠置着废黄河三角洲,中枢地区叠置着长江-黄河复合三角洲的辐射沙脊群,南部叠置着现代长江三角洲。此复合三角洲被王颖(2012)定名为南黄海古江、河三角洲体。

废黄河三角洲分布于南黄海海岸的北部地区,是于南宋 1128 年在开封人工掘堤迫使黄河南流入黄海而形成的,每年至少有 10×10^8 t 的泥沙汇入;至清末 1855 年,黄河北归至渤海,废黄河三角洲海岸开始受到侵蚀后退。在 727 年间发育的三角洲,范围北达连云港,南至射阳河口。向东在南黄海的废黄河口外形成一个大型水下三角洲,向东至水下-20～-10m 处,其外缘约位于-25m,自该处向-50m 等深线倾斜加陡。废黄河泥沙来源于黄土,它具有高含量碳酸盐、CaO 和明显的蒙脱石峰。朱晓东等(1999)认为水下三角洲的泥沙可用高 $CaCO_3$ 含量加以鉴别,$CaCO_3$ 10%的等值线在废黄河口外呈大的叶状分布,其范围大致与水下三角洲相符。洋口港地区的外海地形呈现扇状分布的辐射沙脊群,形成"水道-沙洲"组合系统(图 6-3)。

海岸具有分带性组合的特点:岸陆开阔,潮滩过渡带宽广,水下岸坡内陆架沙脊群发育。平原海岸地貌在黄海北部、东部及西部均具有海域共性特征。

(1)沿岸是冲积平原或海积平原,地势坦荡,地貌简单,近河流处有些废河道、牛轭湖、天然堤、沙丘等残留形态;近海处为盐沼洼地或潟湖平原,植物稀疏,景色单调,沿岸常有贝壳堤或贝壳滩等海岸线变动的遗迹。

(2)平原外围是潮间带浅滩,潮滩坡度约 1‰,是潮流动力作用区,由于潮汐的周期与动力强弱变化,使潮间带浅滩在地貌、沉积与动态演变上产生分带性特征。潮滩是淤泥质平原海岸最主要的组成部分,整个海岸是经历潮滩演变形成的。

(3)潮滩以外是广阔的水下岸坡,坡度缓坦,介于 0.1‰～1‰之间。水下岸坡上常有"浮泥"飘移,实为来自大河河口的悬移质泥流,在潮流与沿岸流作用下,沿岸运移,风浪天气下,"浮泥"多被带上潮滩上沉积。

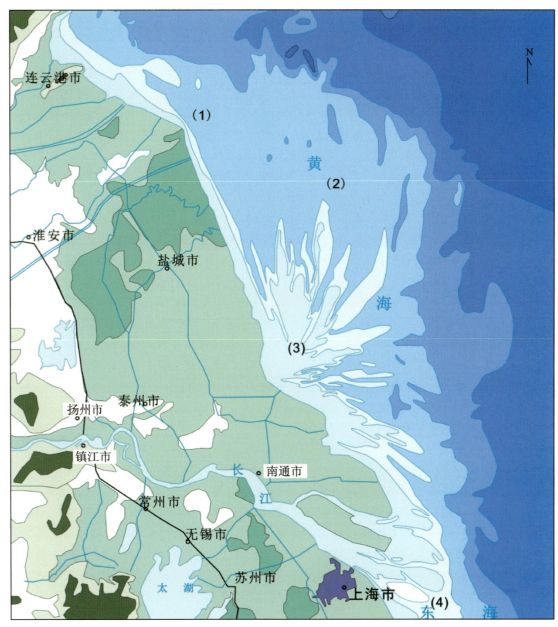

图 6-3 南黄海古江河三角洲体系
(1)南黄海古江河三角洲体;(2)废黄河三角洲;(3)辐射沙脊群;(4)全新世—现代长江三角洲

二、"水道-沙洲系统"格局演变特征

1. "水道-沙洲系统"组合形态基本稳定

依据辐射沙洲动力地貌系统的形态特征和发育演变动力,可将辐射沙洲划分为6个一级"水道-沙洲系统"和16个二级"水道-沙洲系统"。"水道-沙洲系统"以弶港外的内缘区为中心呈放射状,其中北侧的西洋和平涂洋,东侧草米树洋、苦水洋以及南侧黄沙洋4个一级"水道-沙洲系统"在内缘区汇合连通。烂沙洋与黄沙洋存在显著的水沙交换,但并未直接延伸至内缘区。网仓洪-小庙洪"水道-沙洲系

统"受海岸线形态控制,其范围仅局限在北坎尖以南区域。20 世纪 60 年代以来的实测地形和遥感影像资料显示,"水道-沙洲系统"以弶港为中心呈辐射状分布,潮流主槽和大型沙脊的形态、位置均保持相对稳定,弶港岸外的内缘区潮滩长期存在,总体稳定淤长。

已有研究表明潮流是辐射沙洲的控制因素,"水道-沙洲系统"的辐射状分布与辐聚-辐散的潮流动力场相适应,宏观海岸线形态下相对稳定的潮流场是"水道-沙洲系统"组合形态相对稳定的动力背景。内缘区潮滩的持续淤长,反映了辐射沙洲内缘区作为潮波辐合区域的稳定存在。同辐聚-辐散的流场形势相一致,"水道-沙洲系统"的组合形态基本稳定,在潮波系统及泥沙来源等宏观因素未发生显著变化的情况下,这样的组合形态将长期维持。

2. 潮滩规模相对稳定,总体态势外冲内淤

基于不同时期遥感影像的分析发现,辐射沙洲海域沙洲低潮出露面积总体稳定在 1200 km^2 左右,空间分布上表现为条子泥相对稳定、高泥大幅淤长、东沙及其周边小沙洲整体内移萎缩。西洋子系统不同时期的实测地形显示,西洋水道主槽整体处于刷深、展宽过程中,水下沙洲内移萎缩。黄沙洋和烂沙洋两个"水道-沙洲系统"不同时期的实测地形对比表明,"水道-沙洲系统"内缘区总体淤长,外缘表现出水道发展、沙洲萎缩内移的特点。遥感影像解译和实测地形均显示,辐射沙洲总体态势呈外冲内淤的演变特征,反映了在外来大量泥沙断绝的情况下,辐射沙洲海域内部沙洲总体稳定,然而在潮流和波浪的作用下,泥沙仍源源不断向内缘区输送。外缘沙洲内移萎缩、内缘区持续淤长,是辐射沙洲"水道-沙洲系统"与潮流动力环境的进一步适应性发展的结果。

3. 靠岸潮汐通道的岸向迁移

辐射沙洲的"水道-沙洲系统"中的西洋、黄沙洋近岸段、烂沙洋均属于靠岸型潮汐水道。西洋水道位于辐射沙洲北翼,主体由东西两个支槽组成,西洋南端通过尾部潮沟分支深入内缘区潮滩内部,并与相邻水道串通,不同时期主体水道中轴线呈西移趋势,水道西侧等深线也显示出明显向岸迁移的特征。南翼黄沙洋尾部水道分支较多,其中条鱼港为主要分支水道,遥感提取的水道中轴线和实测等深线显示水道摆动虽有交错,但总体呈向岸迁移的态势。烂沙洋水道分为北、中、南 3 条分支水道,主槽形态不显著,不同时期等深线表现出明显的向西延伸、向岸迁移特征。不同时期的遥感地貌特征线和实测地形显示,靠岸潮汐通道的中轴和等深线呈向岸发展趋势,向岸拓展幅度上西洋水道较其他水道更为显著。

4. 南北两翼在形态及演变动态上存在空间分异

辐射沙洲北翼的形成发展主要受到废黄河南下夺淮及北归引起的大量泥沙输入环境变化的影响。受黄河来沙和旋转潮波的影响控制,沙洲规模和密集度均相对较大,滩脊较高,脊宽槽阔,沙洲尾部向北偏转,沙洲横剖面有西侧陡、海侧缓、脊线偏西的特点。由于北翼外来泥沙供给突然减少,发展时间相对较短,潮流对水道-沙洲的改造幅度显著。辐射沙洲南翼是在长江口逐步南移过程中发展形成的,水道-沙洲的发展经历了长时期的调整。受长江南移过程输沙和东海前进潮波的影响控制,沙洲规模和密度均较小,滩脊较低,脊狭槽深,沙洲外形较为平直,沙洲横剖面有西南高、东北低、脊部偏南现象。由于南翼失去泥沙供给时间相对较长,长期受到潮流场的改造,潮沟发育相对成熟,潮流对水道-沙洲的改造幅度较为缓和。

三、内缘区演变特征

1. 内缘区稳定淤长、滩槽多变

辐射沙洲内缘区是潮波系统汇合区，来自北、东和南 3 个方向的大型潮汐水道尾部潮沟深入内缘区潮滩，并相互串通连接。由于内缘区潮滩西接岸滩，北、东、南 3 个方向均没有固定边界，水沙环境复杂，滩面潮沟系统摆动频繁。内缘区持续淤长会引起串通水道的转换，使得潮沟系统不断发展变化。同时，潮流动力周期性变化受波浪、风暴潮、人类活动等外界动力环境的干扰，是引起滩面潮沟系统响应变化的重要因素。由于内缘区特殊的潮波动力特征，使得其水沙环境复杂多变，外界的短期扰动和潮滩的趋势性演化均会引起滩槽的冲淤变化。根据 20 世纪 70 年代以来的实测地形断面和遥感影像显示，内缘区潮滩在不断淤高扩展，1988 年遥感影像显示的内缘区低潮出露面积已超过东沙，成为辐射沙洲第一大沙洲。目前，内缘区潮滩部分包括条子泥、高泥、蒋家沙根部的并滩区，近年来竹根沙也呈并滩趋势。

2. 内缘区"水道-沙洲复合系统"演变的主要影响因素

辐射沙洲内缘区是潮波系统的辐合区，在辐射沙洲宏观的水沙输送格局下，内缘区总体不断淤长。由不同时期的滩槽组合形态可以看出，来自北、东、南 3 面的潮汐水道输水输沙是内缘区演变的外部环境，水下沙脊及潮汐通道的总体格局在长时期内保持相对稳定。根据内缘区潮沟系统的季节变化分析、风暴潮前后变化分析和岸滩围垦工程期间的动态分析可以看出，强烈外部干扰因素会加剧岸滩潮沟系统的摆动和迁移变化，但并未直接改变内缘区的滩槽分布格局。

南北两侧大型潮汐水道基本与岸平行，其中北侧西洋水道呈北北西-南南东走向，南侧黄沙洋尾部条鱼港水道呈北西-南东走向。两条走向不同的潮汐水道通过内缘区潮滩相连通，在滩面上发育了西大港、东大港两条大型曲状潮沟系统。东侧陈家坞槽尾部向南延伸的北东-南西向水道与南侧王家槽交汇，目前已呈淤浅状态。不同时期的内缘区滩槽组合特征可以看出，南北向串通主槽的变化是在潮滩不断淤长态势下进行的，滩槽分布格局变化实质是内缘区对外部水沙输入环境的适应性调整。宏观水沙环境决定内缘区潮滩的冲淤演变态势，而内缘区潮滩发展又进一步促使了内缘区水道的迁移变化，水道的迁移变化又使得内缘区滩潮不断转换。内缘区潮滩的冲淤变化和水道的迁移摆动是相互适应发展的。

综合内缘区长周期和短周期变化特征可以看出，内缘区滩槽格局演变受长周期水道-沙洲演变趋势的控制，短周期的台风、风暴潮等外界干扰因素仅对局部小潮沟的迁移摆动影响较大，对滩槽长周期变化影响不大。

3. 辐射沙洲内缘区演变驱动机制分析

依据辐射沙洲的宏观动态和内缘区不同时间尺度的演变趋势特征，结合内缘区不同发展阶段的潮流动力特征，通过分析内缘区水道-沙洲演变与潮流系统变化的对应关系和相互作用可以看出，20 世纪 70 年来以来，在外来大量泥沙来源断绝和海岸线走向相对稳定的背景环境下，辐射沙洲动力地貌宏观格局保持稳定，沙洲呈外缘冲刷后退、内缘持续淤长的特征，内缘潮波辐合区南北向潮流通道稳定存在。内缘区趋势性演变特征总体表现为外部环境的相对稳定，内部滩槽冲淤多变。随着内缘区动力地貌系统的演化发展，水道组合特征表现出南北向主槽通道的适应性迁移变化和"豆腐渣"腰门水道的持续北移。

内缘区水道-沙洲的变化受控于海域动力条件和泥沙的补给。随着辐射沙洲外部背景趋于稳定,辐射沙洲"水道-沙洲系统"宏观格局呈相对稳定态势,其内部水沙环境处于不断自我适应性调整过程中。内缘区的持续淤涨是在潮流和波浪的作用下,辐射沙洲内部系统性向内输沙调整的结果。内缘区的滩槽变化与水道组合变换之间的相互作用长期存在,潮滩的淤涨变化引起潮汐通道尾部水道组合的变化,同时改变后的水道组合分布也将会进一步对内缘区的滩槽格局进行塑造。通过辐射沙洲动力地貌过程的系统性分析,初步揭示了内缘区的演变机制。

(1)辐射沙洲内缘区长期存在着由南向北的越脊潮水,内缘区潮滩的不断淤涨、滩槽的位置变化、潮沟的迁移摆动等水道-沙洲形态的变化均没有对南北两侧水体交换形势造成明显影响,可见作为潮波辐合处的内缘区,其南北向的潮流通道是稳定存在的。内缘区南北两侧潮波保持了南强北弱的态势,北侧潮波相对增强,南部潮波相对趋弱,表现为内缘区滩脊线中西部总体向南偏移。

(2)在辐射沙洲水沙向内输送格局下,外侧沙洲向内缘迁移,内缘区东部高泥持续扩张,高泥与竹根沙间的南北向通道逐渐萎缩淤死。竹根沙逐渐与高泥并滩是内缘区水道组合变化的驱动因素。竹根沙并滩过程中,陈家坞槽和西洋水道的南向通道逐步萎缩,使得南北向水体交换量趋于减小,是内缘区潮滩环境趋于稳定发展的有利因素。

(3)内缘区滩面逐渐淤高,东侧南北向主槽通道萎缩,使得西洋水道的东侧水体通道逐渐变弱,表现为高泥和东沙之间一直串通的西洋与陈家坞槽水体通道由偏南向逐步演变为东西向,并持续向北迁移。而在此期间,西洋水道总体通量是趋于增大,这使得西洋水道在内缘区滩面发育的西大港和东大港两个南北向水体通道发育增强。西大港和东大港潮沟系统的迁移摆动实质是内缘区南北向通道主槽西移过程中的适应性发展。

(4)内缘区是两大潮波系统的汇合区域,基于理论潮流模型的辐合区提取分析显示,内缘区潮波辐合区呈动荡性特征,表现为涨潮过程中的位移迁移,不同潮型、不同时期的辐合区表现出动态变化的特点。由于内缘区仅西侧存在固定边界,南北侧潮汐通道均为顺岸走向型,辐合区的动荡性在一定程度上显示了内缘区滩槽动力环境的动荡性。

(5)随着辐射沙洲宏观背景环境稳定后的适应性调整发展,在外部环境稳定背景下,内缘区将总体表现为南北向主槽通道相对稳定和分支潮沟系统的动态多变。如果外部边界环境出现较大干扰变化,内缘区的水道-沙洲组合特征也将通过系统性变化以适应外部环境的变化。

第三节 海岸带冲淤变化

江苏海岸动力条件特殊,淤蚀类型复杂。中部以东台县弶港为中心,淤涨速度较快,发育有宽阔的潮滩和岸外辐射沙洲群;南北两侧分别以吕四港和废黄河口为中心,强烈蚀退。洋口港位于老坝港至东灶港海岸段的中部,属于海岸淤涨区(图6-4)。

老坝港至东灶港海岸线全长126.12km,北坎尖以北岸外为黄沙洋与蒋家沙相隔;北坎尖至遥望港与腰沙、冷家沙相连;遥望港以南属于古三余湾的湾顶。潮间浅滩宽达5~11km,滩面平缓。由于水下沙洲作屏障,波浪作用减弱,潮流成为主要动力因素。涨潮流速大于落潮流速(实测$V_涨/V_落=1.24$),随涨潮流带入海滩的泥沙,沿程落淤堆积,因而整个岸滩动态特点是以一定的速度淤高,海岸线向外推进。但各岸段淤高的强度、推进速度差异较大,同一岸段的滩面不同部位差异亦悬殊。因为潮波辐合,且受东北风影响,环港以北的小洋口正常潮位最高,夏季受台风影响,潮流作用更强,将外海携带物质沿小洋口的深槽向湾顶堆积,因此环港至老坝港淤积最强,潮上带(平均高潮线以上)淤积厚度为每年1.40~5.87cm;潮间带(平均高、低潮线之间)淤积厚度为每年2.82~6.00cm;潮下带(平均低潮线以下)所能测到的范围(1000~2800m)内淤积厚度每年为7.26~11.20cm。

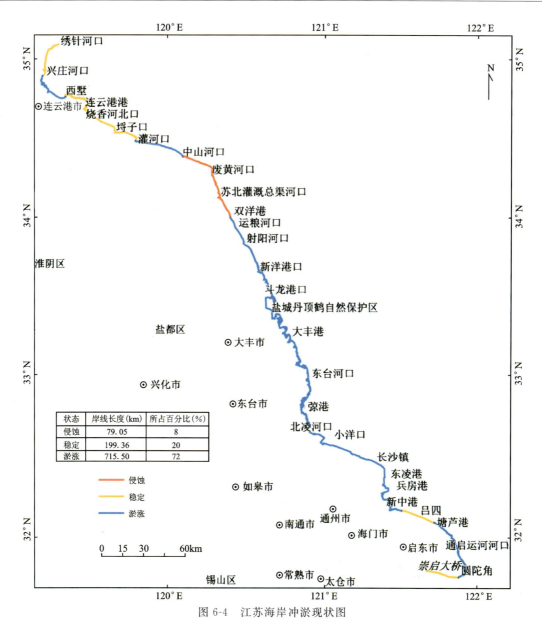

图 6-4　江苏海岸冲淤现状图

本岸段潮间带水动力比较活跃,滩面物质组成由潮上带到潮下带逐渐粗化。如如东Ⅰ断面平均粒径由潮上带 5.73φ 转变到 3.83φ。反映在各个粒级的含量上,细砂由 11.55% 上升到 60.04%,粉砂由 75.32% 下降到 32.63%,泥由 13.13% 下降到 7.33%。这是由于在涨潮的后期,随着流速的逐渐减小,水体中所携带的物质由粗到细发生"沉积滞后";在落潮时,因沉积物的起动流速大于沉降速度,故发生"冲刷滞后"。本岸段两个水平断面(如东Ⅰ、Ⅲ)比较,淤积较慢的如东Ⅲ断面各个潮带物质都相应变粗,这是水动力条件相对更为活跃的结果,也是岸滩冲淤动态变化的差异在物质组成上的反映。平均高潮线附近是潮流憩流发生机率最多的地带,物质组成稍细,主要由淤泥和粉砂组成,平均粒径 6φ 左右,往往形成宽度不等的浮泥滩。淤积强度越大,浮泥滩越宽越厚。本岸段滩面宽阔平缓,树枝状潮沟发育,往下加深、扩大而成港汊。并随着滩面淤高外推,潮水沟的沟头不断淤浅萎缩废弃,主体曲率变大,直至港汊外侧形成新的潮水沟和港汊,原潮水沟、港汊则成为滩面上的积水洼地或成为上部滩面降水的汇水沟。如果有较大的水动力变化(如风暴潮),往往发生港汊及潮水沟的较大摆动和刷深或淤废。

第四节 第四纪海岸带演化

一、历时时期江苏海岸变迁过程

江苏海岸带主要是由于河海交互作用堆积形成的,由于坡度平缓,海洋动力以潮流作用为主,波浪作用"退居"于海岸外缘深水区。海岸带的稳定状况和冲淤趋势取决于海岸泥沙源、泥沙量与海洋动力的对比关系。江苏沿海平原形成过程中经历了4次海水作用及多次海水的短期、小范围的侵淹活动。4次海侵中,以晚更新世3.9万～2.6万年前的浅海环境最为显著。沉积作用不仅由于有江、河搬运巨量泥沙汇入,也有来自冰期低海面平原沉积的再搬运与补给。

历史时期,江苏沿海的海岸变迁对沿海自然环境与沿海开发活动都具有重要的影响,这种影响在沿海的地名中多有反映,从而也就成了人们研究海岸变迁的重要人文标志(图6-5)。

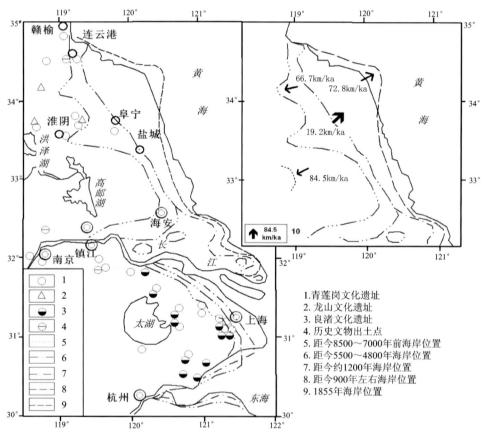

图6-5　江苏沿海中全新世以来海岸位置的变迁(据张忍顺,1985修改)

7.2万年前,江苏海岸线位于现今-80m等深线处。在2.5万～1.5万年间,即最后一次冰川作用极盛时,中国东海岸线曾一度达到海面以下150m,即1.5万年前东海岸线几乎位于现今大陆架坡折处。因此可以充分肯定,最后一次冰川极盛时间,黄海完全出露,黄河泥沙可以直接输入冲绳海槽。

距今1.8万年(晚更新世最低海面)以来,海面不断上升。全新世最大海侵以来(距今约7000年),江苏沿海海平面变化相对较小且接近现代海平面,这一时期的海岸演变主要受控于河流供沙。作为世界上输沙量最大河流的黄河,其尾闾的变迁对这一地区的海岸演变影响最为明显。

在1128年黄河夺淮入海之前，苏北海岸主要受长江和一些在本区入海的中小型河流，如淮河、灌河等的影响。当时的长江口北岸沙嘴和其他河口两岸的沙嘴以及滨岸沙堤构成了从长江口到鲁东南基岩海岸的一系列堆积沙体——堡岛。

由于长江北上供沙和其他河流的供沙量非常有限，堡岛海岸长期相对稳定在赣榆、板浦、阜宁、盐城至海安一线，在海岸线附近形成了数条沿岸堤，其中盐城境内的西冈、中冈和东冈最为有名，它们代表着堡岛海岸的不同发育时期，是不同时期海岸线的自然标志。西冈北起赣榆郑园，经灌云东风、羊寨、龙冈入兴化，再向南经安丰至海安西部。这条沙堤据^{14}C年代测定，在距今6700～4500年前已形成。

中冈是苏北沙堤中出露最多和比较连续的一条沙堤。它北起赣榆罗阳、大沙，经涟水唐集、灌云青山和灌南新安，向南至永丰，后经大丰三圩和兴化合塔入海安，接扬泰古沙冈。据^{14}C年代测定，其形成年代距今4500～4200年。

东冈北起赣榆范口、大沙，经灌云下车、灌南城头、滨海潘冈和建湖上冈，再向南经沟墩、盐城、草捻河和东台入海安境。据^{14}C年代测定和文物发掘，这条沙堤在距今4000～3200年前已形成，在2000多年前就已出露。

唐大历年间，黔陉使李承曾在阜宁至盐城一线修筑常丰堰，堰线大致沿东冈。到了北宋，在1023—1027年，著名历史人物范仲淹又兴建了捍海堰，也是在东冈上，与其后30余年中在今南通市所属沿海修筑的海堤连成了从阜宁以北、直抵吕四的绵延数百里（1里=500m）的大堤，成为大约在1000年前的江苏海岸线的人工标志。

明代中期海岸线在射阳新坍—盐城南阳—东台四灶一线。这个区域埋藏着一条较深的古沙堤，是苏北滨海平原上中部的一条沙堤。据^{14}C年代测定，这条沙堤在距今约1000年前开始形成，在15世纪已出露海面，成为明代中期海岸线的自然标志。

由于海岸开敞，岸外无沙洲掩护，波浪作用较强，且沙源主要为源短流激的河流输送的粗颗粒物质，这些沙冈的物质组成多为黄褐色的中、细砂，中值粒径多在0.125～0.250mm之间，代表了当时相对稳定的砂质海岸。

古淮河口南北的堡岛内侧是一些被堡岛封闭的潟湖，主要包括淮河口南（今里下河地区）的古射阳湖、今沭阳以东至灌云和灌南的硕项湖及桑墟湖。由于需要宣泄潟湖的纳潮量和径流，在这些堡岛海岸上形成一系列潮汐汊道（Tidal Inlet）。其中最主要的是阜宁县的射阳湖口（苗湾口）和喻口，向南还有盐城的石达口、大丰的刘庄、白驹和草堰口以及东台的海道口等。

沿岸沙坝、潟湖以及穿过沙坝的潮汐汊道构成了江苏古砂质堡岛海岸，这种海岸类型稳定发育数千年，海岸线变迁非常缓慢，直至1128年黄河夺淮由此入海。

二、洋口港地区的并陆过程

江苏洋口港地区岸外分布着大面积的水下沙脊群，其沙洲并陆过程与长江三角洲的形成和发育过程密切相关（图6-6）。在新石器时代末期，以今黄桥为中心的河口沙坝已形成，海岸线经海安与北凌间，向北接西冈，向西与扬泰古沙冈相连。至西汉，黄桥河口沙坝已并岸，长江口主体沙坝以金沙镇为中心。海岸线经过海安与李堡间，向北与东冈相连，向西南至靖江附近。至唐末，金沙河口沙坝已并岸，以今海门镇为中心的河口沙坝扩大为河口的主体沙坝。该段海岸的北部已推进到李堡—掘港一线，三余湾已形成。至北宋，除三余湾的海滨平原及启东东部尚未成陆外，由于海门河口沙坝已并岸，使江北长江三角洲的陆域面积得到一次迅速扩展。元代以后，三余湾继续淤长。可见，在明代中期以前，淤进较慢，而后淤积加快。至清光绪年间，古三余湾已全部淤平，至今仍在继续淤进。

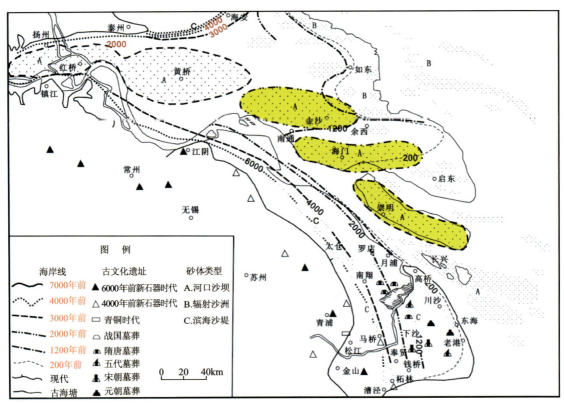

图 6-6　长江三角洲发育与江苏海岸的并陆过程（据 Xu et al.，1987）

第五节　海岸带地质环境演变趋势预测

一、根据历史时期海岸线淤进和成陆速率进行预测

在 1128—1855 年黄河夺淮入海期间，江苏省淤涨成陆速率明显大于之前和之后。1855 年黄河北归以后，淤涨成陆速率大大减缓，与 1494 年黄河全流夺淮之前淤积成陆速率相近。假设江苏沿海今后的海洋水动力条件不发生巨大变化，依照黄河北归之后的成陆速率（如 1890—1979 年平均成陆速率为 10.8 km²/a）进行估算，在未来 10 年、20 年、30 年和 50 年，江苏沿海（不包括辐射沙脊群地区）将会分别有 108 km²、216 km²、324 km² 和 540 km² 的滩涂淤积成为陆地（表 6-3）。

表 6-3　根据历史时期成陆速率对江苏海岸淤积成陆面积预测

平均成陆速率（km²/a）	未来 10 年（km²）	未来 20 年（km²）	未来 30 年（km²）	未来 50 年（km²）
10.8（1890—1979）	108	216	324	540
23.2（1127—1979）	232	464	696	1160

考虑到 1127—1979 年之间经历了一个小冰期，海平面也经历了先下降再上升的过程，利用 1820—1979 年平均成陆速率进行预测可能偏保守。另外在黄河夺淮入海期间，有相当一部分泥沙用在了辐射沙脊群的建造。在黄河北归之后，这部分泥沙成为了江苏中部潮滩淤积的主要泥沙来源。这与观测到

的辐射沙脊群在近几十年的外围侵蚀和中部潮滩淤积相吻合。因此利用1127—1979年的平均成陆速率进行预测可以在一定程度上削弱海平面变化的影响。由此预测未来10年、20年、30年和50年，江苏沿海（不包括辐射沙脊群地区）将会分别有232 km²、464 km²、696 km²和1160 km²的滩涂淤积成为陆地。

江苏"908"专项将2006年与1979年辐射沙脊地区水下地形进行分析得到：调查区内冲刷的面积占45.1%，淤积面积占54.9%，淤积面积明显大于冲刷面积，其中冲刷量为 1.53×10^{10} m³，淤积量为 2.30×10^{10} m³。辐射沙脊群调查区潮滩今后可能淤涨区是条子泥、东沙周围的潮沟和近岸0m线以上的滩涂。从1979—2006年，条子泥0m线以上沙脊面积从381 km²增长到528 km²，平均淤涨速率约5.4 km²/a。因为条子泥是辐射沙脊群中离岸最近、最容易围垦和开发的区域，如果以它在1979—2006年间0m线以上部分淤涨速率来估算，未来10年、20年、30年和50年，可以新增0m等深线以上滩涂面积分别为54 km²、108 km²、162 km²和270 km²。如果考虑条子泥0m等深线以上面积的增加，未来50年江苏0m等深线以上滩涂面积将增加430～810 km²。

二、根据现代海岸滩涂围垦成陆速率进行预测

从表6-4不难看出，依据1980—1992年间的围垦成陆速率，未来10年、20年、30年和50年新增滩涂或者陆地面积分别为214 km²、428 km²、642 km²和1070 km²。依据1992—2007年之间的围垦成陆速率，未来10年、20年、30年和50年江苏可能围垦成陆的海岸滩涂面积分别为485 km²、970 km²、1445 km²和2425 km²。如果依据2007—2011年之间的围垦成陆速率估算，未来10年、20年、30年和50年江苏可能围垦成陆的海岸滩涂面积分别可达995 km²、1990 km²、2985 km²和4975 km²。

表6-4 根据近30年滩涂围垦成陆速率对江苏海岸未来可能围垦成陆面积预测

围垦成陆速率(km²/a)	未来10年(km²)	未来20年(km²)	未来30年(km²)	未来50年(km²)
21.4(1980—1992)	214	428	642	1070
48.5(1992—2007)	485	970	1445	2425
99.5(2007—2011)	995	1990	2985	4975

由于在1992年以前滩涂围垦的起围高程相差不多，依据1980—1992年间的围垦成陆率来估算未来滩涂淤涨面积或者新增土地面积，更接近滩涂自然淤涨情况下的滩涂淤涨面积。后两个估算值，尤其是最后一个估算值，可能由于起围高程的降低和围垦速率的增大，更大程度上反映了经济社会发展对于滩涂需求的快速增长以及由于生产力大幅提高导致的滩涂围垦强度的增大，超出了滩涂淤涨的速率，是不可持续的。

三、根据泥沙供应量的变化推算

根据过去和现在的侵蚀速率计算，辐射沙脊与废黄河口在百年尺度上可能挖蚀深度在1.5m左右。据Gao(2009)的几何模型可推算出，如果辐射沙脊与废黄河口平均挖蚀深度在1.5m左右，那么目前辐射沙脊区的泥质沉积可以使潮滩向外海淤进15km，废黄河口岸外的泥质沉积可使潮滩向海淤进5km。

如果南黄海的动力条件和泥沙供应条件不发生巨大变化，按照现在主要淤积岸段以东灶港到射阳河口的直线距离210km计算，在未来10年、20年、30年和50年江苏中部海岸大约可以新淤积出面积分别为420 km²、840 km²、1260 km²和2100 km²的滩涂。

利用泥沙供应量测算的未来新增滩涂面积,是以侵蚀下来的泥沙全部用于滩涂建造为假设前提的估算结果,但实际上研究发现有些泥沙,包括江苏岸外沙洲潮间带的沉积物,可能在冬季会向外海逃逸,因此该值是比较乐观的估算值。

四、根据其他的估算结果推算

根据吴曙亮等(2003)的研究,1980—1999年之间,新增加高滩688.5km²,年均新增高滩34.4km²。由此可以推算出,江苏未来10年、20年、30年和50年新增高滩面积可能分别为344km²、688km²、1032km²和1720km²。

尽管高滩新增面积不能完全代表整个新增潮间滩涂的面积,但是由于现在的潮滩淤积主要集中在高滩,1976—1997年间高滩淤积637.7km²,而低滩淤积只有73.2km²(吴曙亮等,2003),两者相差大约一个数量级,因此高滩新增面积能够大致代表滩涂新增面积。

五、未来50年新增滩涂或者新增土地面积的预测方案

前面从不同的角度对未来50年江苏省可能新增的海岸滩涂或者土地面积进行了估算与预测。有的是从滩涂淤积成陆或者淤涨外展的速率来估算,有的是按照最近几十年滩涂围垦的速率来推算,有的是根据未来可能利用的海域水深来估算,有的比较保守,有的比较乐观,有的比较适中。将这些估算结果进行归纳,就形成了江苏未来50年新增海岸滩涂或者新增土地面积预测方案(表6-5)。

表6-5 江苏未来50年新增海岸滩涂或者新增土地面积预测方案   单位:km²

淤涨新增海岸滩涂或者土地面积		根据近30年围垦速率推算未来50年可能围垦的海岸滩涂面积	
保守估计	810	保守估计	1070
乐观估计	2100	乐观估计	4975
适中估计	1430	适中估计	2425

由表6-5不难看出,按照过去滩涂淤涨速率或者泥沙供应的测算来分析,今后50年新增滩涂或者土地面积在1430km²左右,保守估计只有810km²,乐观估计可达2100km²。如果按照过去30年的围垦速率推算,未来50年江苏可能围垦的海岸滩涂面积大约为2425km²,保守估计只有1070km²,乐观估计可达4975km²。

2008年调查结果显示,江苏潮间带滩涂总面积为4689.87km²,如果考虑到未来可能淤积增长的滩涂面积,今后50年可以开发利用的潮间带滩涂总量为5500~6790km²(适中估计为6120km²)。

如果按照围垦速率与滩涂淤涨速率保持一致的动态平衡原则,未来50年围垦开发的滩涂面积最多不应超过2100km²;如果按照2007—2011年的围垦开发速率,50年后潮间带滩涂将所剩无几。另外,随着长江入海泥沙的减少,全球变化导致的海平面上升,以及随着侵蚀海岸线长度的增大以及潮下带岸坡侵蚀的加剧,未来江苏海岸滩涂的淤涨速率很可能下降。因此,珍惜海岸滩涂资源,科学、合理、可持续利用滩涂资源,必须给予足够的重视。

第六节 海岸带开发利用与调控

一、海岸带的灾害易损性

江苏沿海因为其地质、地貌、气候等特征,主要受到海洋地质灾害(主要包括海平面上升、海岸侵蚀、海岸坍塌)、海洋气候灾害(主要包括台风、风暴潮)和海洋生物灾害(主要为赤潮)3种海洋灾害的影响。随着沿海经济社会发展以及全球气候变化,江苏沿海致灾因子也活动频繁,造成的损失也越来越大。此外,沿海地区相对地势较低,不仅受到来自海洋各种动力的影响,还受到陆地的影响,如地面沉降。在海陆致灾因素的联合影响下,会形成一系列的灾害效应。

1. 相对海平面上升

据国家海洋局发布的《中国海平面公报》,江苏沿海海平面平均上升速率为 2.2mm/a,是全国相对海平面上升最明显的地区之一。江苏沿海地面垂直升降变化量在相对海平面上升量中占有较大的比例,而且南北不同岸段有相当大的差异。江苏沿海大部分地区地处新构造运动沉降区,北部和中部大部分地区局部断陷下沉与重力均衡下沉,年平均沉降速率约 0.1mm,南部地区则为向东北倾斜下沉,年平均沉降速率为 0.2mm 左右。江苏沿海全新世地面沉降速率平均为 1.5~3.7mm/a。由于地面自然沉降的延续性和人为大肆抽取地下水,江苏中南部地区在 20 世纪 90 年代时平均沉降速率达到 2.8~7.6mm/a。

海平面上升的灾害性影响主要是损失潮滩湿地资源、加剧风暴潮和海岸侵蚀等对海堤的危害以及加重沿海低洼地洪涝灾害等,并且也会影响沿海水、土地、旅游、生物等自然资源的开发利用以及港口码头、海堤涵闸等各种海岸工程和基础设施功能的正常发挥。

海面升降是海岸线动态变化的重要因素,在相当程度上控制着海岸发育的方向,将引起海面动力带的迁移。由验潮站的资料分析,最近 80 年相对海平面上升率为 1~4mm/a。其效应除了淹没部分潮滩上部的泥质沉积外,还将导致平均潮位以上的滩带淤积速率降低,平均潮位以下的滩面趋于蚀低,最终滩面的总体坡度因上带的不断淤高和下带的不断蚀低而逐渐变陡。

海平面上升损失潮滩湿地主要由淹没和加剧的岸滩侵蚀引起。淹没是海平面上升最直接的后果之一,江苏沿海发育的潮滩坡度普遍仅 1‰ 左右,当海平面上升 1cm,受淹没的潮滩宽度就将增加 10m。应用高程-面积法分岸段对各段潮滩淹没损失进行粗略估算得出,相对海平面上升 50cm,全省因淹没损失潮滩面积将可能达到 170km² 左右。同时,相对海平面的上升也会造成原先淤涨的潮滩停止淤涨或使淤涨速度减缓,造成潮滩的潜在损失。江苏省中部的斗龙港至东灶港岸段是目前淤涨速度最快的岸段,近年来每年淤涨面积近 130km²,若按此速度,至 2030 年当地相对海平面上升 50cm 计算,则相当于潮滩年淤涨速率下降近 1cm/a,由此将损失潮滩面积 510km² 以上。灌河口至射阳河口的废黄河三角洲岸段和南部的东灶港至蒿枝港的吕四岸段为侵蚀岸段,海平面的升高会进一步加剧潮滩宽度的减少和滩面高程的降低,引起潮滩损失。此外,海平面上升同时也将造成潮滩与湿地生态系统的逆向演替,引起潮滩质量退化和湿地损失。如中部的射阳河口至斗龙港口岸段,由于海面升高,下部的光滩会因侵蚀而损失,中上部盐蒿滩退化为光滩,再上一级的芦草滩会退化为盐蒿滩,最终由于海堤的阻挡使湿地无法向陆发展补偿,致使其面积大量减少。若相对海平面上升 50cm,全省损失湿地面积将达 240km²。

海平面上升会导致江苏沿海地区海堤防御能力降低和风暴潮、海岸侵蚀加剧。江苏沿海地区地势低平，相当部分地面高程低于当地的平均高潮位，完全靠海堤保护。全省现建有一线海堤近690km，直接保护陆地面积约$1.45×10^4$km^2。平均海面抬高，导致出现同样高度风暴潮水位所需的增水值大大降低，从而使风暴极值高潮位的重现期明显缩短，造成风暴潮水冲刷和漫溢海堤的概率大大增加，百年一遇和50年一遇频率的高潮位将分别变为50年一遇和20年一遇左右，相应海堤防御能力也明显降低。若赣榆全县海堤遇50年一遇频率高潮位均将受淹，最大漫溢高度可达1.21m。与此同时，海平面上升导致波浪与潮流等海洋水文要素加强以及引起岸滩侵蚀加剧等，还将导致海堤堤基受潮水冲刷和浸蚀的概率与强度增加，从而威胁海堤的自身安全。

沿海低洼地洪水会由于海平面的上升而阻碍排泄，加剧洪涝灾害损失。江苏全省东部低洼地区平均海拔不足5.0m，相当部分地区海拔低于3.0m。洪涝积水主要靠涵闸外排入海，而由于地势偏低，只能低潮抢排。未来海平面上升，闸下高潮位进一步抬升，必将引起各闸排水历时的缩短和排水强度的减弱，从而降低涵闸的自然排水能力，加剧低洼地洪涝灾害。另外，海平面上升还将直接导致沿海涵闸的破坏，使其失去排水和挡潮等功效，也将造成洪涝灾害的加剧。

当沉积物供应充足时，盐沼的垂向发育能够补偿并超过海平面上升。以琼港盐沼为例，根据琼港盐沼附近的验潮站1954—1985年的潮位资料，经9年滑动平均处理，得到了海平面变化曲线。所得平均海平面上升速率为3.9mm/a，其中1954—1980年为3.8mm/a，1980—1985年为14mm/a。1980年后该区海平面上升有加快趋势。二分水陡坎至平均高潮位断面观测表明，1954—1985年盐沼表面高程呈淤高趋势，平均淤积速率为4.4cm/a，其中1954—1980年为3.7cm/a，1980—1985年为13.0cm/a。可见，琼港盐沼的垂向淤积与海平面上升的趋势基本一致，1954—1980年较慢，1980年以后逐渐加快。但海平面上升速率较盐沼淤积速率小一个数量级。在海平面持续上升的情况下，潮沟系统的侵蚀基准面抬高，将可能发生如下效应：①潮沟中、下游被淤高；②潮沟源头由于有较充分的水流作用，其溯源侵蚀加快，潮沟快速扩展。

根据前文所指出的相对海平面上升速率，未来100年辐射沙洲区域的平均海平面将会上升0.1~1.6m，则平均潮差也会随之相应增大，辐射沙洲因此会做出重大调整以逐渐适应新的水沙环境，海平面上升通过改变海岸带动力状况而造成对海岸带的影响往往要比其直接影响大得多。高潮滩淹没时处于较弱的动力环境，加之水深较浅，一般是细颗粒物质富集的区域，但是受到海水浸泡时间过短，难以得到足够的泥沙，沉积速率由高潮滩外移会逐渐增大。随着海平面的上升，当泥沙供应受限而潮汐动力加强时，外侧沙洲会通过外侧侵蚀内侧淤积的方式向岸移动以到达动力相对较弱的区域。例如1988年卫星影像显示，条子泥出露面积达到558km^2，超过东沙（539km^2）成为辐射沙洲区低潮时出露面积最大的沙洲。辐射沙洲区辐射中心由于受到外侧沙洲的掩护和接受来自外缘沙洲侵蚀的泥沙供给，其淤高速率能够与平均高潮位的上升速率同步甚至超过平均海平面上升的速率，同时由于接受边缘沙洲的合并和泥沙供给，面积逐渐增大。海平面上升和北部泥沙来源的减少使东沙西洋内水动力大大加强，并不断侵蚀东沙西缘，加之东沙东侧受到其他沙洲掩护，有向东淤积的趋势。但其东侧东移的速率不及西侧的侵蚀后退速率，随着相对海平面的上升，整个沙洲面积具有缩小的趋势并会加强。此外，海平面上升也会造成水道流速改变，从而影响水道形态的稳定，临近辐射沙洲腹地的潮沟也会由于接受沉积致使来水潮沟得不到冲刷而缩小甚至消失。综上所述，相对海平面的上升会加大江苏岸外辐射沙脊群的水动力强度和自身调整能力，对其稳定性造成威胁。

苏北滨海平原因为地势低平、海岸线突出和陆源泥沙减少等原因，随着海平面上升引起海岸侵蚀加剧或扩大。江苏海岸侵蚀表现有海岸线后退和滩面刷低两种形式，前者主要发生在废黄河三角洲两侧，或目前尚无坚固的防护工程的岸段，如灌河口-翻身河口、扁担港口-射阳河口等；后者在各岸段均有发生，如射阳河口-斗龙港口，又分高潮滩刷低和低潮滩刷低等几种情况。侵蚀结果是潮滩的宽度变窄，高程降低，坡度升高。在各种海岸侵蚀因素中，海平面上升的影响占有相当大的比重。利用Bruun公式计算的海岸后退量是由海平面上升因素引起的，属于侵蚀总量和海岸线后退总量中的一部分。据Bruun

公式分析,在严重侵蚀海岸,海平面上升引起的海滩侵蚀占侵蚀总量的15%～20%。未来海平面上升速率的不断升高,将使海平面上升因素在海岸侵蚀总量中所占的比重不断提高。但是由于各地海岸侵蚀因素不同,所以不同地区海平面上升因素在海岸侵蚀中的作用是不同的。例如,在海岸侵蚀严重的废黄河口附近,根据Bruun公式得到的海平面上升因素在海岸后退中所占比重约为1%,绝大部分海岸侵蚀主要是由泥沙来源断绝、波浪和海流作用相对强烈的特殊动力条件所致。在废黄河三角洲边缘,据1980年以来的贝壳堤内移和测量资料,海平面上升因素在海岸侵蚀中的比重为21.4%。

海平面上升加剧海岸侵蚀的作用机制主要分为3种:①海平面上升会使潮位增高以及潮流速度由于底摩擦减小而加大,使潮流作用增强,潮滩侵蚀、堆积过程旺盛,从而导致现代侵蚀岸段的冲刷作用进一步加强。②海平面上升将使岸外滩水深加大,波浪和风暴潮作用增强,粗略估算,当水深增加50cm时,长江三角洲北沿海滩(坡度1‰)破波线可上移500m左右,使海岸建筑物遭到破坏。③海平面上升会使海岸湿地损失,导致滩面消浪和抗冲能力减小,引起海岸侵蚀加剧。

2. 风暴潮灾害

在影响江苏沿海的海洋灾害中,以台风引起的台风风暴潮灾害为主。风暴潮指的是由强烈的大气扰动如热带气旋、温带气旋等引起的海面异常升高现象。江苏沿海1949—1981年间发生的较大风暴潮有13次,平均3年一次以上。风暴潮的主要动力特点是大风、增减水及台风浪,给江苏沿海滩涂和辐射沙脊群造成剧烈的冲淤演变。引起江苏沿海较大台风风暴潮的台风路径有两种:①是台风中心移至124°E左右,转西北向移动,并在长江口附近登陆,且继续向西北移动,此类台风出现概率较小,但增水值较大;②是台风中心移至124°E左右,转西北向移动,台风中心至35°N又转向东北方向,并在朝鲜沿岸登陆,此类台风最多(占62%),增水值最大。

江苏沿海的极端增水或特大潮位大多由以下3种原因引起的:①是台风风暴潮的近岸增水效应;②是冬季风暴;③是极优天文条件下的大潮汛。据统计,1951—1972年,对江苏沿海有影响的台风共76次,其中沿海形成6级以上的大风共15次,平均1.5年一次。如果台风风暴潮或冬季风暴潮恰与大潮相合,则潮位会更高,创纪录的高潮位多属这种情况。绝大多数的异常高潮位均是强台风和大潮汛相合而产生的,但也有小潮汛时的风暴潮及天文大潮时出现异常高潮位的情况。又据1971—1981年沿海7个观测站资料统计,造成增水2.0m以上的有6站次,1.5～2.0m有15站次,1.0～1.5m有20站次,各站1.5m以上的增水值每年均在一次以上。江苏沿岸的台风增水值以位于辐射沙脊群顶部附近的小洋口为最大,达3.81m。

由于台风作用致使江苏海岸堤前增水。据连云港、射阳河口、吕四等7个观测站的资料显示:1971—1981年中,出现1～1.5m增水20站次,2m以上增水6站次。如果台风大潮和天文大潮耦合,则形成特大风暴潮。在江苏沿海出现异常高潮位,主要是台风增水配合夏季朔望大潮引起的。此外,由于江苏海岸平直且沿海陆地低平,潮间带宽缓,这样的地域条件有利于风暴潮灾害的发生。

台风对近岸海域的影响较为显著,以1981年"8114"号台风为例,台风增水期间,王港闸下水位在潮位最高的潮次中,涨潮的最初一小时内抬高了3m,比平时的大潮汛快了一倍以上,以致涨潮水流沿滩面上涨比通过弯曲的王港河闸下水道还要快,造成滩面涨潮水灌入闸下河段的反常现象。王港整个潮间带浅滩,甚至包括潮上带前缘,风暴潮头到来的阶段都受到不同程度的冲刷。位于潮下带上部的王港渔业大队养殖的70多万平方米文蛤,在"8114"号台风中全部被冲光。根据固网木桩上遗留的痕迹,养殖场向海侧刷深最多达70cm,向陆侧为20～40cm。在一般大潮汛时,海水不会涨到潮上带中上部,但是在"8114"号台风期间,往往连续几个潮次被水淹没,加之台风浪的冲刷,使高滩的动力条件发生巨大变化。

二、海岸带开发利用制约因素

近期江苏沿海地区有了很大发展,但仍是中国沿海经济的"洼地",每平方千米的GDP仍只相当于广东、山东沿海地带的1/6、1/5。尽管滩涂围垦取得了一定成效,但对照国家规划提出的"建设我国重要的土地后备资源开发区"的目标定位,对照江苏自身转型升级、实现"两个率先"的需要尚有不小的差距。具体而言,主要表现在以下几个方面。

(1) 在开发理念上,缺少战略眼光和大局观念。一是重建设轻规划,开发层次偏低、利用方向单一,不利于滩涂资源的高效集约利用;二是刻意追求建设用海指标,围垦形成的土地全部用于建港办厂,港口重复建设和产业雷同发展的态势日渐明显;三是担心政府调用土地指标,规划的垦区迟迟不愿实施匡围工程,以本地滩涂地质结构特殊为借口,对滩涂开发有畏难情绪,不仅失去了大好的政策机遇,而且极易造成沿海地区内部发展的不平衡。

(2) 在开发主体上,缺少政府引导和统筹协同。一是政府主体的"无力"。长期以来,滩涂开发主要由当地人民政府或是人民政府全资子公司大包大揽,虽然有利于统筹和大力度推进,但由于早期开发收益低,造成政府后续资金断档,还贷压力加大,围而不开、开而不发、粗放经营的现象仍然存在。在同沿海市(县)共建共享方面没有形成制度性安排,至今一直难以形成协同开发的合力。二是对社会主体的"无奈"。一些市(县)受困于自身财力,被迫吸引社会资金参与滩涂围垦一级市场的开发,围垦后的土地用途只能由企业做主,短期内看似取得了一定进展,但由于缺乏成熟完备的制度规范,为政府长期的统筹开发增加了许多不确定因素。三是多方主体的"无序"。由于历史原因,沿海地区滩涂围垦形成的部分土地因投资主体的不同而分属省、市、县甚至省外的企业或个人,统筹开发、统一规划、集约利用困难越来越大,行政协调成本也愈来愈高。

(3) 在开发资金上,缺少财政来源和融资后援。政府将滩涂围垦列入部省合作示范项目,拿出大量资金支持滩涂开发,并明确新增土地指标全部留在当地,这一决策在沿海市(县)尤其是被列入"六大工程"的地方受到人们的欢迎,但相对于整个匡围需要上千亿元投资的总盘子,沿海地区对大面积围垦开发依然是心有余而力不足。一是政府资金只能"有限作为"。滩涂围垦公益性强、投资量大、回收期长,靠市(县)单枪匹马投资难度很大,特别是随着起围高程的不断降低,成本和风险不断攀升。二是市场融资"巧妇难为"。江苏省滩涂开发主要由政府平台主导,由于这些企业设立时间不长,资金严重不足,加上国家清理地方债务,整顿此类投资公司,因而融资难度超乎想象的大,创业投资基金和风险投资基金等融资模式尚未建立,近岸资源资本化的探索刚刚破题,虽然市场化融资的呼声很高,但落实到实践上依然操作不便,比如海上建(构)筑物抵押融资机制尚未建立,海域使用权证的抵押价值不及土地使用权证等。此外,由于沿海发展银行和沿海产业投资基金仍未建立,使得滩涂开发融资渠道不畅,无力进行大规模开发投资。三是借力"三资""有心无为"。吸引民间资本、工商资本、国外资本进入滩涂开发领域是大势所趋,一些市(县)虽有意尝试,但由于对政府控制土地一级开发、市场主导土地二次开发的政策没有吃透,因而仍裹足不前,个别已经吸收民间资本参与围垦的地方往往将土地一级开发捆绑进去,不仅与现行政策不符,而且政企之间的权、责、利关系尚未厘清,很容易造成公共利益的流失。

(4) 在开发政策上,缺少可操作性和创新力度。一是政策缺少具体细则。政府出台和明确了一些优惠政策,但大都还未落实到位。比如,江苏省人民政府《关于贯彻落实〈江苏省沿海地区发展规划〉的实施意见》(苏发〔2009〕10号)文明确规定,滩涂围垦综合开发试验区享受省级开发区同等待遇;省人民政府支持沿海开发的意见中虽明确围垦滩涂每亩由省支持2000元,但财政部门仍按农渔业围垦才补助的原则执行;《沿海开发五年推进计划》规定,滩涂围垦项目由省沿海办统一扎口,但至今财政预算安排仍按原渠道下发和管理。这些政策之所以落实得不够好,关键是至今没有出台实施细则,沿海市(县)普遍反响强烈。二是政策缺少整合集成。滩涂开发是一项系统工程,从规划蓝图到最终建成不可能一蹴而就,需要一系列政策作支撑,比如清滩理赔政策、土地政策、开放合作政策、投融资政策、财政税收政策、环保政策等,但目前各方面的政策还不够全面、不够配套,缺乏整体集成效应。三是政策缺少优惠力度。滩涂开发需要大投入,政府投入是一条重要渠道。浙江省围填海项目省财政每亩补助5000元,形成耕地的每亩再补6000元,福建省补助标准更是高达每亩2.5万元,而江苏省仅限于农业围垦且每亩才有2000元补助。四是政策创新"老生常谈"。随着滩涂开发的不断深入,亟需相关配套政策跟进,但省内明显滞后。比如,浙江省2008年耕地占补平衡指标转让价格是15万元/亩,2009年就调整到26万元/亩,福建省规定的市场转让价格也达到16万元/亩,而江苏省2010年才将标准提高至1.32万元/亩。此外,浙江力推海域使用权"直通车"试点和海洋产权交易试点,江苏还未进入实质性探索。

(5)在开发体制机制上,缺少牵头机构和管理创新。一是行政体制不顺。滩涂开发涉及沿海办、发展和改革委员会、水资源、财政、自然资源、环保、海洋渔业、农业资源开发等多个部门,这种各自为政、各显其能的格局,导致前期工作周期长、审批协调难度大,需要明确牵头单位和协办单位职责,以强有力的行政管理体制搞好统筹协调。二是管理创新不够。目前,省(市)在滩涂管理创新上作了一些探索,比如盐城百万亩滩涂综合开发以省为主导,省、市(县)共同入股设立投资开发公司负责工程项目实施,南通市组建大通州湾、实行行政代管等,但由于触及基层利益、涉及社会稳定,实践起来还相当艰苦。三是工作机制不全。滩涂围垦综合开发试验区即将启动建设,规划审批、高效开发、项目实施、投融资、基础研究等工作机制尚未建立,需要抓紧建立完善。

(6)在开发环境上,缺少科技支撑和法律保障。一是法治不健全。为保障沿海滩涂依法、科学、有序、和谐开发,亟需加强地方立法研究,确保有法可依、有规可循。辽宁省、广西壮族自治区分别由人民代表大会审议批准了沿海经济带相关管理条例,规范了开放开发涉及到的宏观和原则问题;山东省和浙江省分别出台了《黄河三角洲高效生态经济区条例》《滩涂围垦管理条例》,专门对全省滩涂围垦活动予以规范。而江苏省这方面的立法尚未列入省人民代表大会的计划。二是政务不高效。良好的政务环境是滩涂开发的最大保障,但现在沿海市(县)普遍感到审批手续繁杂、周期冗长、难度很大、层级抬高,尤其是用海许可和环评要经过国家有关部委批准,大面积匡围要拆分审批,效率事倍功半。浙江省正在研究简化审批手续事宜,江苏省省级沿海项目联审绿色通道尚未构建。三是规划不衔接。滩涂开发涉及多项规划,比如海洋功能区划、滩涂围垦规划、土地利用总体规划、城乡建设总体规划等,但有些规划对滩涂没有全覆盖,一些规划之间缺少衔接,甚至相互矛盾,导致报批项目困难。四是人力不匹配。人才和科技是发展滩涂经济的助推器。盐土技术是滩涂开发不可或缺的支撑条件。江苏人才科教资源丰富,但沿海地区恰恰是人力资源"短板"。五是环境不乐观。目前江苏沿海地区化工园数量较多,涉海项目环评制度落实不到位,生态环境问题的约束会进一步加剧。

三、海岸带开发对策建议

紧紧抓住江苏沿海开发上升为国家战略和长三角经济一体化纵深推进的叠加机遇,以科学发展观为指导,以《江苏沿海滩涂围垦开发利用规划纲要》为依据,以建设滩涂围垦综合开发试验区为载体,按照先规划后围垦、先定位后建设、先试点后推广的总体思路,统筹推进港口、产业、城镇、社会和生态建设,全面提高沿海滩涂开发的规模效应和产出水平,努力把江苏沿海地区建成我国重要的土地后备资源开发区,加快形成我国东部地区重要的经济增长极,为江苏实现"两个率先"目标提供可靠的战略保障。

陆海统筹,规划先行——依托近海滩涂,面向腹地纵深,发挥区位优势和资源特色,努力把沿海滩涂围垦综合开发试验区建设成为江苏海洋经济的试验示范区和融入经济全球化的新平台,抢占新一轮沿海产业布局的制高点,增创江苏沿海地区发展的新优势。统筹海陆联动发展的规划、产业、资源整合和基础设施建设,着力增强海陆之间经济的整体性、产业的关联性、资源的互补性、生态的协调性。坚持高起点、高标准规划,严格按规划围垦、按规划开发,以科学规划引领滩涂围垦综合开发试验区建设。加快制订完善滩涂围垦综合开发试验区总体规划及实施方案,加强上下级规划和相关规划的统一衔接,力求形成层次分明、定位准确、功能完善的科学规划体系。

园区模式,开放合作——借鉴国内外的先进理念和做法,参照经济开发区的模式,对滩涂围垦形成的土地资源按功能进行统一有序的综合开发。根据园区招商引资的成熟做法,科学推进围垦滩涂地块的批租,提高滩涂资源的开发利用效率,实现经济、社会、生态效益的多赢。以大开放推动大开发,积极探索滩涂资源资本化的实现途径,切实提高利用"两个市场、两种资源"的能力,大力实施经济国际化战略,构建开放型经济新的增长点;以大项目带动大开发,更大力度加强试验区的项目建设,全方位对内对外开放,努力形成国资、外资、民资"三资"齐上的局面;以大合作促进大开发,依托港口、园区,加强与苏南地区、泛长三角地区、中西部地区、新亚欧大陆桥沿线国家及东北亚地区的合作,创新区域与国际合作机制,在合作共赢中谋求新的发展。

综合开发,高效利用——以重点港口建设为龙头,促进港口、产业、城镇联动,推动江海联动、南北联动,做大做强沿海开发的重要节点;以滩涂围垦综合开发试验区为平台,促进产业集聚发展和资源集约利用,加速崛起一批港城和特色城镇,提高滩涂围垦开发的综合效益;以因地制宜、因势利导为方针,坚持宜工则工、宜农则农、宜商则商、宜港则港、宜城则城、宜林则林,优化农业、生态、建设三类空间布局,突出主体功能建设,以经济结构的合理性提升开发的总水平。

绿色增长,保护生态——坚持把环保优先贯穿于沿海开发的全过程和各方面,统筹兼顾、绿色发展,沿海滩涂综合开发要经得起实践检验,让人民得到更多实惠。围海造地要充分考虑海洋生态环境,围要立足于用,用要立足于高,已经围垦的地块应采用合理的方式分期分批建设,并为未来的发展留下足够的空间,同时要加强盐土绿化技术的攻关、推广、普及,努力建设绿色园区。坚持保护与开发并重,统筹经济社会和生态发展用地,产业选择要优先考虑生态环境容量和园区环境承载能力,绝不走先污染后治理的老路,真正做到在保护中开发、在开发中保护,切实增强沿海地区的可持续发展能力。

第七章 海洋水动力环境监测与模拟

第一节 海洋水动力环境监测

西太阳沙,也就是现在的洋口港区,位于如东县海岸外黄沙洋主槽与烂沙洋深槽汇合处,地理坐标为 32°35′N,121°08′E。陆路距南通港约 60km;水路距上海港约 150 海里(1 海里=1.852km),距连云港约 230 海里。长沙作业区为洋口港区的深水码头区,位于西太阳沙北侧的烂沙洋深槽区,其地理坐标为北纬 32°31′—32°33′,东经 121°24′—121°26′,是江苏省屈指可数的可建 10~25×10⁴t 级深水海港港址之一。

一、气象

2008 年 7 月—2009 年 6 月国家海洋局第二海洋研究所利用浮标在西太阳沙人工岛北侧 5km 海面上(32°32′N,121°27′E)对气象水文进行了观测,获取了大量资料(表 7-1)。

表 7-1 西太阳沙人工岛 2008 年 7 月—2009 年 6 月气象资料统计结果

气温		降水	
年平均气温	14.7℃	年降水量	840mm
平均最高气温	16.2℃	年内降水强度≥10mm	22d
平均最低气温	13.4℃	年内降水强度≥25mm	5d
7月份平均气温	25.7℃	年内降水强度≥50mm	2d
1月份平均气温	1.5℃	降水集中月	5—8月(占全年的53.93%)
极端最高气温	29.7℃(2008-07-05)	降水量最多月	6月(208mm)
极端最低气温	−7.2℃(2007-01-24)	降水量最少月	10月(14mm)

根据西太阳沙气象站(32°31′30″N,121°24′32″E)1996 年 11 月至 1997 年 10 月历时 1 年风速资料统计,本地区常风向为南东向,频率为 9.7%;其次为北东向,频率为 8.6%;北向、北北东向、东南东向和东北东向频率均介于 7.3%~8.4%之间,其他风向频率较小。强风向为东北东向,实测最大风速达 32.6m/s(1997 年 8 月 19 日);次强风向为东南东向、北北东向和北东向,风速分别为 22.0m/s、20.0m/s 和 18.6m/s,本地区年平均风速为 5.6m/s。风速主要集中在 2.0~8.0m/s 之间,占总频率的 73.8%。6 级以上大风出现的频率占 5.5%。而年内各月风的变化,以 5、8、9、10 月风速较大(表 7-2)。

工作区内台风多出现在 5—11 月。1911—1940 年统计资料表明,本区共发生台风 78 次,平均每年 2.6 次。1981—1996 年统计,影响江苏、上海、浙江 3 个地区的 8 级以上台风共发生 56 次,平均每年 3.73 次。可见台风频率逐年增加,台风通常在 7 月中旬至 9 月上旬影响本工作区 7—9 月最多,8 月份最频繁,8月上旬至9月中旬为台风袭击最盛期(表7-3、表7-4)。由于台风风力猛烈,风速可达17～24m/s,7～8级台风几乎每年都有,工作区受台风影响强烈。由强大风力引起的波浪、风海流及增减水,会对海岸发生强烈冲刷。当台风与夏秋交替的大潮汛或者与个别极优天文条件下的大潮汛配合时,常常引发异常高潮位,增水较大。1981年9月14号的台风,恰逢阴历8月初的大潮,使江苏沿海出现特大高潮位,弶港潮高达6.5m,小洋口达6.77m,沿海各站增水值在2m以上,射阳河口最大增水达2.95m,小洋口最大增水为3.81m。

表7-2 西太阳沙气象站各月平均和最大风速

月份	11月	12月	1月	2月	3月	4月	5月	6月	7月	8月	9月	10月
平均风速(m/s)	6.8	5.1	6.0	5.5	5.8	5.6	5.2	5.5	5.2	6.2	4.9	5.3
最大风速(m/s)	16.0	16.8	15.7	14.5	14.1	13.2	18.6	13.6	13.2	32.6	20.0	19.1
风向	北东	北西	北西	北北东	北东	北东	北北东	西北西	南南西	东北东	北北东	北北东

表7-3 西太阳沙气象站各风向频率及平均和最大风速

序号	风向	频率(%)	平均风速(m/s)	最大风速(m/s)
1	北	8.4	6.4	15.8
2	北北东	8.3	6.5	20.0
3	北东	8.6	5.4	18.6
4	东北东	7.3	5.6	32.6
5	东	6.3	4.8	12.0
6	东南东	8.1	5.5	22.0
7	南东	9.7	5.8	13.1
8	南南东	6.7	5.9	14.6
9	南	5.1	5.4	14.5
10	南南西	4.9	4.9	15.4
11	南西	4.2	4.2	9.9
12	西南西	3.8	4.3	10.8
13	西	3.6	4.7	12.4
14	西北西	4.3	5.8	18.6
15	北西	4.9	6.5	15.7
16	北北西	5.6	6.3	16.8

表7-4 西太阳沙气象站各向风速分级频率　　　　　　　　　　　　　　　　单位:%

风向	风速(m/s)										
	0～1.9	2～3.9	4～5.9	6～7.9	8～9.9	10～11.9	12～13.9	14～15.9	16～17.9	18～19.9	>20
北	0.67	1.36	1.77	2.11	1.45	0.70	0.25	0.14	0	0	0
北北东	0.45	1.42	1.98	1.87	1.53	0.65	0.33	0.10	0	0.02	0
北东	0.41	2.49	2.37	1.73	0.92	0.46	0.14	0.05	0	0	0
东北东	0.40	2.04	2.03	1.65	0.77	0.17	0.06	0.03	0.05	0.02	0.10
东	0.48	1.62	2.38	1.39	0.25	0.09	0.02	0	0.01	0	0

续表 7-4

风向	风速(m/s)										
	0~1.9	2~3.9	4~5.9	6~7.9	8~9.9	10~11.9	12~13.9	14~15.9	16~17.9	18~19.9	>20
东南东	0.38	1.50	3.03	2.28	0.63	0.12	0.01	0.02	0.03	0.06	0.03
南东	0.40	1.70	3.20	2.70	1.20	0.46	0.06	0.01	0	0.02	0
南南东	0.35	1.38	1.80	1.79	0.85	0.24	0.14	0.06	0.06	0.01	0
南	0.39	1.14	1.65	1.14	0.53	0.16	0.03	0.02	0.02	0	0
南南西	0.35	1.44	1.75	0.85	0.38	0.15	0.02	0	0	0	0
南西	0.46	1.64	1.30	0.62	0.16	0	0	0	0	0	0
西南西	0.44	1.49	1.07	0.66	0.14	0.02	0	0.01	0	0	0.01
西	0.39	1.15	0.99	0.63	0.24	0.09	0.02	0	0.02	0	0
西北西	0.40	1.23	0.89	0.60	0.44	0.41	0.18	0.07	0.01	0.01	0
北西	0.58	1.14	0.93	0.51	0.54	0.70	0.32	0.22	0	0	0
北北西	0.48	1.06	1.11	1.22	0.81	0.68	0.15	0.07	0.05	0	0
合计	7.03	23.80	28.26	21.74	10.85	5.11	1.75	0.81	0.25	0.14	0.14

二、波浪

波浪是重要的海岸动力因素,在讨论辐射沙洲区的水动力条件时,不可避免地要涉及波浪的分布和波浪的作用。一般情况下辐射沙洲区的波高较小,为2m左右,水位在中潮位以下时,波高更小,而且区域性差异较大;江苏海岸带南部偏北向浪频率为63%,主浪向为东北偏东,其频率为8%,强浪向为西北向和北向;北部偏北向浪的频率为68%,主浪向东北偏东,其频率为14%,强浪向亦为东北向。夏季多受台风影响,波型为混合浪;冬季盛行偏北风,风力强而持久,以偏北向浪为主;秋季受偏北大风的影响,以偏北向浪为主;春季偏东风频繁,多出现东向浪。波高低于1m的出现率为85%;1~2m的出现率为10%;大于2m的出现率为5%。可见近岸部分由于浅滩的掩护,波浪是很小的,而沙脊群外缘和海岸外侧深水中的波浪会更大一些。一般情况下的波浪仅能对局部的微观地貌有一定影响,而对宏观的沙脊群地形,不论是平面形态还是剖面形态,其作用都是次一级的,但在台风和寒潮大风等恶劣条件下,沙脊区的波浪会较大,也会对地形产生影响。

国家海洋局第二海洋研究所2008年7月—2009年6月在西太阳沙人工岛北侧水域-12m处(32°32′42.8″N,121°25′7.2″E)设立波浪观测站,获得一年的完整波浪资料,统计结果表明,常浪向东向和次常浪向北东东向、南东东向出现频率分别为51.76%、15.11%和15.13%,年内波高$H_{1/10}$(十分之一大波平均波高)$\geqslant$1.5m频率为1.50%,平均周期$T<5.0$s频率为99.11%,$T<0.6$s频率为99.99%,$T\geqslant 7.0$s频率为0.01%,各向波高出现频率统计如表7-5和图7-1所示。

表 7-5 各向波高频率统计表 单位:%

波向	波高(m)					
	≤0.70	0.70~1.00	1.01~1.20	1.21~1.50	≥1.51	合计
北	1.09	0.79	0.21	0.25	0.17	2.52
北北东	1.33	1.25	0.47	0.30	0.19	3.52

续表 7-5

波向	波高(m)					
	≤0.70	0.70~1.00	1.01~1.20	1.21~1.50	≥1.51	合计
北东	2.94	1.10	0.51	0.51	0.16	5.23
北东东	10.82	2.41	0.97	0.75	0.15	15.11
东	40.97	7.23	2.18	1.09	0.28	51.76
南东东	11.44	2.58	0.61	0.31	0.19	15.13
南东	0.86	0.07	0.02	0	0	0.95
南南东	0.07	0	0	0	0	0.07
南	0.05	0	0	0	0	0.05
南南西	0.02	0	0	0	0	0.02
南西	0.08	0	0	0	0	0.08
南西西	0.24	0.06	0	0	0	0.30
西	0.51	0.06	0.02	0	0	0.59
北西西	0.62	0.16	0.06	0.06	0	0.90
北西	0.95	0.31	0.16	0.05	0.03	1.5
北北西	0.90	0.54	0.24	0.27	0.32	2.28
合计	72.90	16.55	5.46	3.59	1.50	100.00

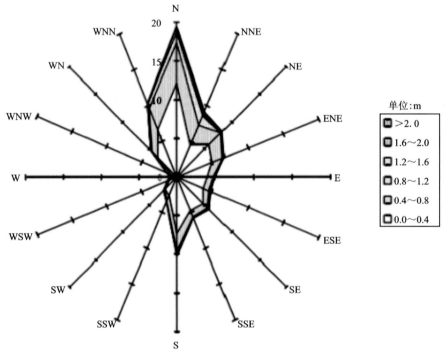

图 7-1 西太阳沙附近 1996 年 10 月—1997 年 9 月有效波高玫瑰图

西太阳沙海域的波浪以风浪为主,由于北有鳓鱼沙、茄儿杆子、茄儿叶子等沙脊掩护,南有西太阳沙、火星沙为屏障,东有太阳沙、大洪埂子等沙体遮挡,波浪强度不大,以轻浪、小浪居多。常浪向为北向,强浪向为北向、北东向和东北东向。据 1996—1997 年一年的观测资料统计,有效波高 H_s(1/3 大波平均波高)≤0.3m，平均周期 T 为 4.0～4.9s 的波浪出现频率为 40%；有效波高 0.4～1.1m、平均周期 4.0～4.9s 的波浪出现频率为 25%。

寒潮一般在 11 月至翌年 2 月期间影响西太阳沙海域。每次持续时间 2～3 天，如 1996 年 12 月 5 日受冷空气影响，此海域观测到的最大波高 3.7m，平均周期 4.8s，波向北北东向。台风对西太阳沙海域的影响一般在 7—9 月，每次持续时间 2～3d。1997 年 8 月 18 日，由于"97110"号台风的影响，该海域观测到的有效波波高 4.2m，平均周期 6.0s，最大波高 6.9m，波向为北东向。

西太阳沙外围沙洲高潮时淹没、低潮时出露，不同水位情况下其掩护作用存在很大差异。即便在相同天气条件下，此海域的波浪强度也随潮位高低而不同，高潮位时波浪较大，低潮位时外围沙洲掩护作用明显，波浪强度明显减弱，寒潮、台风期间的大浪过程更是如此。

洋口海域波浪场特征明显，平均波高 0.2～1.2m，最大波高 5m 左右，近岸处波高一般为 0.1～0.8m，最大波高多在 2.5～3.5m 之间，而其中北向波浪占据首位，为 12.1%。西太阳沙海域常浪向为北向，次常浪向为北北西向，强浪向为北向、北北东向、北东向和东北东向。

通过取外围波浪北东向和东南东向两个波向，平均高潮位、平均潮位和平均低潮位 3 组条件，有效波高 5.46m 和 2.64m 两种情况(有效波高通过 JONSWAP 波能谱推算得到)，采用波谱折射方法推算出西太阳沙海域 3 个点位相应的波高值。

辐射沙脊群潮汐通道内波要素见表 7-6。

表 7-6　辐射沙脊群潮汐通道内波要素(平均海平面)

潮汐通道		苦水洋	黄沙洋	烂沙洋	大弯洪
平均风速(m/s)		6.9	6.5	6.8	6.6
−20m	H 平均波高(m)	0.61	0.55	0.60	0.57
	T 平均波周期(s)	3.47	3.29	3.43	3.34
	H_s 有效波高(m)	0.98	0.85	0.96	0.91
	T_s 有效波周期(s)	3.82	3.62	3.77	3.67
−10m	H 平均波高(m)	0.56	0.51	0.55	0.53
	T 平均波周期(s)	3.33	3.18	3.30	3.23
	H_s 有效波高(m)	0.90	0.82	0.85	0.85
	T_s 有效波周期(s)	3.66	3.50	3.63	3.54
最大风速(m/s)		27.87	24.8	27.0	25.03
−20m	H 平均波高(m)	2.99	2.76	2.90	2.81
	T 平均波周期(s)	7.66	7.37	7.64	7.45
	H_s 有效波高(m)	4.78	4.42	4.74	4.50
	T_s 有效波周期(s)	8.43	8.11	8.40	8.20
−10m	H 平均波高(m)	2.06	1.91	2.06	1.96
	T 平均波周期(s)	6.36	6.14	6.37	6.23
	H_s 有效波高(m)	3.30	3.06	3.30	3.14
	T_s 有效波周期(s)	7.00	6.75	7.01	6.85
计算水深 $D=20$m		23.54	13.54	23.92	13.92

注：$H_s=1.6H$，$T_s=1.1T$。

三、潮位

通过调和分析得到主要半日分潮和全日分潮振幅之比为 0.15。全日分潮潮波在本海区具有绝对优势,属规则的半日潮海区,且浅海分潮的作用比较显著。从实测潮位曲线看出,一个太阴日中出现两次高潮和两次低潮,且不等现象较为显著,高潮不等和低潮不等较为明显。

1. 高程关系

西太阳沙平均海平面在理论最低潮面以上 3.93m,废黄河零点以上 3.93m−3.68m＝0.25m。

2. 潮位特征值

根据 1996 年 10 月 25 日—1997 年 10 月 6 日实测资料统计,统计结果如下(以下潮位值均从当地理论最低潮面起算):最高潮位 8.42m;最低潮位 0.21m;平均高潮位 6.07m;平均低潮位 1.46m;平均潮差 4.61m;最大潮差 8.08m;最小潮差 1.79m;平均海面 3.93m;平均落潮历时 5 小时 57 分钟;平均涨潮历时 6 小时 27 分钟。

3. 潮流

根据实测资料,各水道涨、落潮潮量分配比例存在差异,这与水道的潮动力作用有关,以涨潮为主的水道涨潮通量比例大于落潮通量,而落潮动力为主的水道落潮通量比例大于涨潮通量。测量表明,烂沙洋与黄沙洋水道的平均潮通量比例分别为 69％、31％。烂沙洋北、中、南水道的潮通量分别为 22％、43％、36％(表 7-7)。

表 7-7　洋口港各潮汐通道水量分配比例统计表　　单位:%

断面	潮汐通道		涨潮通量比				落潮通量比				平均
			大潮	中潮	小潮	平均	大潮	中潮	小潮	平均	
1#	烂沙洋	北水道	23	22	23	23	20	20	22	21	22
		中水道	41	38	37	39	48	47	45	47	43
		南水道	36	40	41	39	32	33	33	33	36
1#	烂沙洋		73	72	69	71	64	67	68	67	69
2#	黄沙洋		27	28	31	29	36	33	32	33	31

黄沙洋比烂沙洋水道落潮流轻度占优势,落潮通量两者比值 0.98～1.23。涨潮通量分配烂沙洋占优势。

江苏沿海主要受两个潮波系统控制。以无潮点为中心的旋转潮波系统控制着江苏沿海的北部海区,南部海区受自东海进入的前进潮波系统制约。南黄海旋转潮波系统沿西洋、平涂洋、草米树洋及苦水洋等大型潮流主槽由北向南传播,接近中心部位后,外围各主槽向西南和西转向,进入条子泥水域并涌上潮滩。东海前进潮波系统则沿大弯洪、网仓洪、烂沙洋、黄沙洋等潮流主槽向西北向或西北西向传播,进入条子泥水域并涌上潮滩。这两大潮波系统的涨潮流就在辐射沙洲的条子泥二分水滩脊处汇合。

在潮波辐合区由于潮波能量集中,加之各潮流主槽均呈外宽内窄的喇叭口形,使能量进一步集中,因而沙洲区中部和内部水域潮差逐渐增大,使弶港至小洋口岸外水域成为江苏省潮差最大的区域,平均潮差可达 3.9m 以上,长沙港北达 6.45m,东沙为 5.44m,小洋口外最大实测潮差可达 9.28m。

2013 年完成了洋口海域黄沙洋、烂沙洋 5 个站位的海洋水文观测工作,观测指标包括流速、流向、温度、盐度及悬浮泥沙。根据海洋水文观测数据,绘制了各站次流速剖面图及平均流速矢量图,其中 SD01 大潮小潮流速剖面图及矢量图(图 7-2、图 7-3)如下。

OBS 浊度仪与流速流向测量同时进行,对表层海水进行连续 25 小时观测,取样间隔 15 分钟。SD01 大小潮不同水深点浊度见表 7-8。

2006 年实测水文资料,西太阳沙附近大潮潮段平均流速,涨潮流速介于 0.98～1.03m/s 之间,落潮流速介于 0.79～1.07m/s 之间;垂线最大流速,涨潮流速介于 1.44～1.53m/s 之间,落潮流速介于 1.27～2.00m/s 之间。

潮流流速一般为 0.1～2.0m/s,且涨潮流速大于落潮流速。近岸处的潮流流速一般为 0.1～0.4m/s,也有超过 1.0m/s 的。

1992 年,河海大学和南京大学在西太阳沙海域设水文观测站 8 个,编号分别为 R_1、R_2、R_3、R_4、R_5、R_6、R_7、R_8,为了提供测量海域潮位变化情况,还在站网附近建立了临时潮位站(表 7-9)。

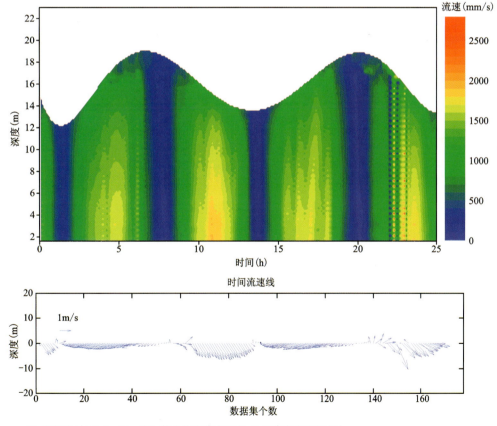

注:走行式(每 0.5m 测一次),箭头指向代表流向,长短代表流速的大小。

图 7-2 SD01 大潮流速剖面图及矢量图

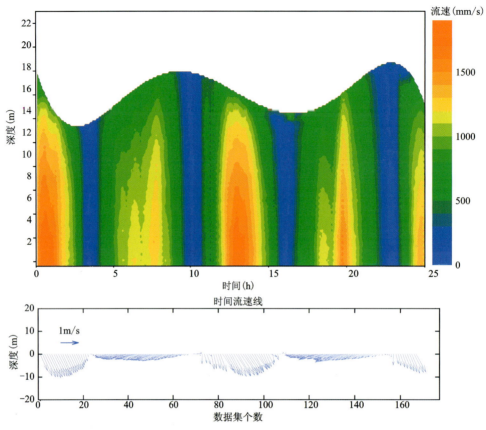

注:走行式(每0.5m测一次),箭头指向代表流向,长短代表流速的大小。

图 7-3　SD01 小潮流速剖面图及矢量图

表 7-8　SD01 大小潮不同水深点浊度数据

水深(m)	大潮				小潮			
	浊度 (NTU)	温度 (℃)	电导率 (ms/cm)	盐度 (PSU)	浊度 (NTU)	温度 (℃)	电导率 (ms/cm)	盐度 (PSU)
1	9.633	25.440	47.733	30.777	9.567	25.883	47.970	30.650
2	10.900	25.500	47.710	30.725	9.850	25.850	47.980	30.680
3	11.767	25.530	47.730	30.717	10.867	25.817	48.040	30.743
4	10.733	25.537	47.750	30.727	13.175	25.803	48.090	30.790
5	11.967	25.537	47.763	30.737	15.150	25.803	48.093	30.793
6	10.450	25.550	47.770	30.735	17.933	25.803	48.133	30.820
7	12.175	25.550	47.768	30.730	16.800	25.807	48.130	30.817
8	14.667	25.550	47.780	30.737	18.900	25.810	48.160	30.840
9	14.900	25.550	47.780	30.735	23.500	25.813	48.187	30.853
10	15.667	25.550	47.783	30.740	26.625	25.815	48.205	30.868
11	15.533	25.543	47.780	30.740	28.033	25.813	48.203	30.863
12	16.833	25.550	47.780	30.733	33.850	25.820	48.225	30.875
13	18.233	25.547	47.790	30.747	51.667	25.820	48.237	30.883

续表 7-8

水深(m)	大潮				小潮			
	浊度 (NTU)	温度 (℃)	电导率 (ms/cm)	盐度 (PSU)	浊度 (NTU)	温度 (℃)	电导率 (ms/cm)	盐度 (PSU)
14	19.100	25.540	47.790	30.750	71.700	25.823	48.248	30.888
15	21.150	25.540	47.790	30.750	71.375	25.823	48.238	30.883
16	21.600	25.540	47.800	30.750	80.700	25.823	48.243	30.887
17	23.138	25.540	47.790	30.748	89.125	25.823	48.248	30.890

表 7-9 西太阳沙海域水文测站坐标及潮位站坐标

站号	东经	北纬
R_1	121°19′24″	32°35′06″
R_2	121°25′30″	32°33′12″
R_3	121°30′00″	32°33′06″
R_4	121°34′00″	32°32′48″
R_5	121°38′00″	32°32′24″
R_6	121°34′12″	32°35′36″
R_7	121°34′02″	32°30′48″
R_8	121°34′00″	32°38′18″
潮位站	121°21′48″	32°30′42″

四、潮流流速三维分布

实际监测获得西太阳沙海域大潮、中潮、小潮的流速最大值和西太阳沙海域各测站的平均流速（表 7-10～表 7-13）。

表 7-10 西太阳沙海域大潮潮流流速最大值

测站	涨潮				落潮			
	垂线平均流速 (m/s)	流向 (°)	测点流速 (m/s)	流向 (°)	垂线平均流速 (m/s)	流向 (°)	测点流速 (m/s)	流向 (°)
R_1	1.23	302	1.43	297	1.34	114	1.59	110
R_2	1.33	270	1.59	267	1.80	93	1.95	99
R_3	1.31	267	1.50	202	1.32	108	1.56	102
R_4	1.09	263	1.17	265	1.32	97	1.53	103
R_5	1.28	278	1.44	285	1.54	107	1.92	100
R_7	1.12	289	1.48	290	1.70	125	2.04	126
平均	1.44	—	1.44	—	1.50	—	1.76	—

表 7-11 西太阳沙海域中潮潮流流速最大值

测站	涨潮				落潮			
	垂线平均流速 (m/s)	流向 (°)	测点流速 (m/s)	流向 (°)	垂线平均流速 (m/s)	流向 (°)	测点流速 (m/s)	流向 (°)
R_1	1.23	291	1.24	297	0.74	111	0.78	103
R_2	1.33	225	1.26	270	1.40	100	1.63	102
R_3	0.98	289	1.20	280	1.19	109	1.25	105
R_4	0.82	285	1.06	285	1.00	129	1.12	118
R_5	1.07	296	1.19	290	1.20	114	1.10	117
R_6	0.63	272	0.86	272	0.93	106	1.09	102
R_7	1.03	282	1.13	285	0.89	115	1.03	110
R_8	0.86	311	1.07	310	0.65	92	0.79	100
平均	0.99	—	1.09	—	1.00	—	1.05	—

表 7-12 西太阳沙海域小潮潮流流速最大值

测站	涨潮				落潮			
	垂线平均流速 (m/s)	流向 (°)	测点流速 (m/s)	流向 (°)	垂线平均流速 (m/s)	流向 (°)	测点流速 (m/s)	流向 (°)
R_1	0.68	307	0.79	298	0.4	129	0.50	145
R_2	0.73	267	0.85	277	0.75	86	0.85	93
R_3	0.68	282	0.77	290	0.54	126	0.63	135
R_4	0.54	270	0.55	279	0.49	123	0.61	129
R_5	0.62	2881	0.73	291	0.49	98	0.50	61
R_6	0.38	273	0.57	282	0.41	82	0.50	91
R_7	0.52	287	0.70	280	0.35	165	0.38	165
R_8	0.49	331	0.66	310	0.36	52	0.49	45
平均	0.58	—	0.70	—	0.42	—	0.58	—

表 7-13 西太阳沙海域各站平均流速　　　　单位:m/s

测站	大潮			中潮			小潮		
	涨潮平均	落潮平均	全潮平均	涨潮平均	落潮平均	全潮平均	涨潮平均	落潮平均	全潮平均
R_1	0.71	0.75	0.73	0.70	0.52	0.61	0.42	0.26	0.34
R_2	0.73	1.25	0.99	0.76	0.83	0.80	0.46	0.47	0.47
R_3	0.81	0.93	0.87	0.56	0.74	0.65	0.39	0.37	0.38
R_4	0.54	0.73	0.64	0.30	0.47	0.39	0.30	0.34	0.32
R_5	0.77	0.84	0.81	0.55	0.64	0.60	0.36	0.31	0.34
R_6	—	—	—	0.33	0.45	0.39	0.21	0.22	0.22
R_7	0.60	1.18	0.89	0.57	0.43	0.50	0.33	0.24	0.29
R_8	—	—	—	0.51	0.34	0.43	0.36	0.28	0.32
平均	0.69	0.82	0.82	0.54	0.55	0.55	0.35	0.31	0.33

大部分测站的涨、落急流速垂向分布较为均匀,梯度小,典型的如涨急时的 R_1 站;R_1 和 R_5 站涨急流速大于落急流速,R_3 站两者差不多,R_2、R_4、R_7 站均是落急流速大于涨急流速。

五、潮流特征

2012—2014 年,实测洋口港海域潮流时间变化特征见表 7-14、表 7-15,余流特征见表 7-16。

表 7-14 西太阳沙海域涨落潮历时

测站	大潮		中潮		小潮		平均值	
	涨潮	落潮	涨潮	落潮	涨潮	落潮	涨潮	落潮
R_1	4h45min	7h15min	7h	5h	7h	5h	6h15min	6h25min
R_2	5h30min	6h30min	5h	6h	6h30min	4h45min	5h30min	6h20min
R_3	6h	6h	5h30min	6h20min	6h15min	6h45min	5h45min	6h20min
R_4	5h	6h15min	5h30min	7h	6h	6h30min	5h30min	6h35min
R_5	5h	6h30min	5h30min	6h15min	6h30min	6h30min	5h40min	6h10min
R_6	—	—	6h	6h30min	5h15min	7h	5h38min	6h45min
R_7	5h	7h30min	5h45min	6h15min	6h30min	5h45min	5h25min	6h43min
R_8	—	—	6h15min	5h45min	6h15min	6h15min	6h15min	6h
平均	5h13min	6h40min	5h49min	6h8min	6h13min	6h17min	5h45min	6h7min

表 7-15 西太阳沙海域各测站全潮单宽流量

潮型	测站	涨潮量($\times 10^4$ m³)	落潮量($\times 10^4$ m³)	净潮量($\times 10^4$ m³)	运移方向(°)
大潮	R_1	25.8	38.4	12.6	82
	R_2	20.6	128.2	107.6	70
	R_3	14.6	57.2	42.6	91
	R_4	32.2	40.6	8.4	17
	R_5	45.8	59.8	14.0	76
	R_6	25.6	61.8	36.2	52
	R_7	12.2	32.8	20.6	310
中潮	R_1	50.4	104.2	53.8	89
	R_2	37.0	47.4	10.4	77
	R_3	12.6	21.8	9.2	137
	R_4	35.6	36.4	0.8	191
	R_5	5.0	19.2	14.2	87
	R_6	15.8	13.8	2.0	269
	R_7	23.4	11.2	12.2	6
	R_8	16.4	8.0	8.4	300

续表 7-15

潮型	测站	涨潮量($\times 10^4 m^3$)	落潮量($\times 10^4 m^3$)	净潮量($\times 10^4 m^3$)	运移方向(°)
小潮	R_1	45.6	53.4	7.8	108
	R_2	25.6	25.2	0.4	186
	R_3	19.6	19.8	0.2	180
	R_4	30.6	16.4	14.2	298
	R_5	8.2	13.0	4.8	60
	R_6	14.4	8.6	5.8	279
	R_7	7	7.8	0.8	8
	R_8	7	7.8	0.8	8

表 7-16 西太阳沙海域各潮型垂线平均余流速、余流向

测站	大潮		中潮		小潮	
	余流速(m/s)	余流向(°)	余流速(m/s)	余流向(°)	余流速(m/s)	余流向(°)
R_1	—	—	0.15	344	0.05	318
R_2	—	—	0.22	52	0.02	8
R_3	0.15	144	0.14	119	0.04	236
R_4	0.10	106	0.14	152	0.02	94
R_5	0.18	84	0.12	144	0	—
R_6	—	—	0.15	110	0.02	12
R_7	0.37	136	0.02	284	0.08	290
R_8	—	—	0.16	5	0.10	90

第二节 海洋沉积

一、沉积物质

西太阳沙人工岛周围海域泥沙主要来源于就地悬浮和潮流夹带辐射沙洲北区的悬浮物质,沙洲水道系统处于缓变夷平调整过程中,总体趋势是冲淤平衡,沙量就地调整。

洋口港海域水体含沙量不大,为 $0.002 \sim 3.120 kg/m^3$,平均为 $0.111 \sim 0.622 kg/m^3$,其中大潮、中潮、小潮平均含沙量分别为 $0.330 kg/m^3$、$0.280 kg/m^3$ 和 $0.100 kg/m^3$,悬沙平均中值粒径 0.02mm 左右(表 7-17、表 7-18)。辐射沙洲近几十年来的沉积速率介于 $2.05 \sim 5.45 cm/a$ 之间。

一般含沙量随深度增大,大潮期间大于小潮;大潮涨潮时含沙量大于落潮,小潮落潮时含沙量大于涨潮。在洋口港海域海水含沙量随离岸距离增加而增大,而在大丰海域则相反。

地形越复杂海域,含沙量越高,反之则低。含沙量等值线与地形等深线和海岸线平行。

表 7-17 洋口港海域各测站各层次含沙量特征　　　　　　　　　　　　　　单位:kg/m³

层次	小潮				大潮			
	涨潮		落潮		涨潮		落潮	
	范围	平均	范围	平均	范围	平均	范围	平均
表层	0.01~0.995	0.111	0.012~0.307	0.130	0.022~0.765	0.232	0.026~0.89	0.202
0.2H	0.02~1.08	0.154	0.014~0.497	0.185	0.002~1.08	0.293	0.016~1.33	0.244
0.4H	0.022~1.16	0.244	0.023~1.07	0.244	0.034~1.50	0.419	0.022~1.82	0.348
0.6H	0.027~1.41	0.323	0.037~1.19	0.314	0.036~2.27	0.480	0.035~2.51	0.421
0.8H	0.055~1.44	0.374	0.038~1.25	0.396	0.045~2.39	0.565	0.039~3.12	0.528
底层	0.07~2.40	0.501	0.046~1.63	0.512	0.11~2.85	0.632	0.068~2.26	0.622

注:0.2 倍水深,其他类同。

表 7-18 洋口港海域大小潮各垂线涨落潮平均含沙量(2011 年 7 月)　　　　　　单位:kg/m³

测线号	大潮						小潮					
	前半潮		后半潮		全潮		前半潮		后半潮		全潮	
	落潮	涨潮	落潮	涨潮	落潮	涨潮	落潮	涨潮	落潮	涨潮	落潮	涨潮
C_1	1.600	1.080	1.780	1.460	1.720	1.320	0.707	0.843	0.624	0.924	0.661	0.885
C_2	0.921	1.020	1.490	0.888	1.240	0.944	0.284	0.200	0.165	0.354	0.225	0.283
C_3	0.539	0.715	0.746	0.818	0.685	0.785	0.303	0.198	0.226	0.194	0.264	0.196
C_4	1.990	1.940	1.680	1.950	1.820	1.950	0.839	0.822	0.808	0.717	0.823	0.766
C_5	0.522	0.314	0.412	0.354	0.469	0.331	0.139	0.136	0.110	0.104	0.124	0.120
C_6	0.361	0.820	0.472	0.806	0.412	0.811	0.252	0.220	0.219	0.200	0.234	0.210
C_7	0.690	1.280	0.957	1.340	0.812	1.300	0.321	0.383	0.217	0.228	0.272	0.305

潮滩泥沙主要来源有:大陆径流携带 15%;海蚀物质 35%;海底 50%。

辐射沙洲海域长时间尺度(500~6600 年)沉积速率在 0.2~0.7cm/a 之间,近几十年来的沉积速率介于 2.05~5.45cm/a 之间,其中 1994—2003 年西太阳沙淤积总厚度为 1.04m,北侧深槽有淤积。近期辐射沙洲内的动态主要表现为各主要潮流通道之间小沙体的合并和增高淤浅。

收集 2003 年 399 个和 2006 年 100 个底质泥沙样品的分析结果表明,洋口港海域底质泥沙主要由黏土质粉砂、粉砂、砂质粉砂、粉砂质砂、细砂和中砂组成(表 7-19)。

表 7-19 底质泥沙分布及物质组成　　　　　　　　　　　　　　　　　　　　单位:%

序号	名称	分布比例	物质组成		
			砂	粉砂	黏土
1	细沙	45.6	94.2	5.6	0.2
2	砂质粉砂	24.2	36.0	58.8	5.2
3	粉砂质砂	20.4	64.5	33.7	1.9
4	粉砂	6.8	16.4	70.6	13.0
5	黏土质粉砂	2.5	10.0	64.3	25.7
6	中砂	0.5	96.3	3.7	0

根据 2003 年 7 月在如东南黄海海域的西太阳沙北部、烂沙洋潮汐通道北部和潮汐通道附近 3 个站位(标号分别为 RD03A、RD03B 和 RD03C)的钻孔(终孔深度分别为 49.6m、11.2m 和 18m)取样分析结果,可了解晚更新世以来辐射沙脊群区域沉积环境的变化(表 7-20~表 7-23)。

表 7-20　如东辐射沙脊群西太阳沙海域钻孔位　　　　　　　　　　　　　　　　　　单位:m

钻孔	位置	水深	终孔深度
RD03A	32°31′664″N,121°24′992″E	高潮 5.7,低潮 2.2	49.7(设计 50)
RD03B	32°34′374″N,121°24′980″E	高潮 11.2,低潮 8.5	11.2(设计 10)
RD03C	32°32′941″N,121°25′009″E	高潮 22.4,低潮 18.2	18.2(设计 18)

表 7-21　钻孔样品主量元素平均值

钻孔	质量分数(%)										
	Al	Ca	Fe	K	Mg	Mn	Na	P	Si	S	Ti
RD03A	5.06	2.49	2.46	1.68	1.01	0.07	1.61	0.05	33.53	0.02	0.37
RD03B	5.05	2.75	2.46	1.58	1.11	0.05	1.51	0.05	32.96	0.02	0.41
RD03C	5.33	2.95	2.56	1.64	1.14	0.05	1.60	0.05	32.23	0.03	0.39

表 7-22　钻孔样品微量元素质量分数平均值　　　　　　　　　　　　　　　　　　单位:ug/g

微量元素	微量元素质量分数			
	RD03A 细粉砂	RD03A 细砂—极细砂	RD03B 细砂—极细砂	RD03C 细砂—极细砂
Zn	176.91	169.62	150.46	56.72
Pb	52.49	42.42	44.24	43.65
Co	16.37	13.85	14.57	15.31
Ni	27.48	20.05	21.11	21.49
Ba	394.06	337.20	381.62	363.80
Mn	533.87	457.20	505.44	454.00
Cr	57.86	41.42	46.06	49.43
Ga	14.43	11.03	12.68	14.62
V	75.93	61.94	63.48	65.77
Be	1.47	1.17	1.20	1.21
Cu	21.00	10.95	10.70	12.91
Ti	3708.85	3266.00	3549.70	3712.13
Zr	179.07	120.50	133.59	136.17
Sc	10.17	7.63	7.71	7.79
Sr	156.71	169.40	174.72	165.76

表 7-23　洋口港区不同类型沉积物的化学组成　　　　　　　　　　　　　　　　　　单位:%

沉积物类型	SiO_2	Al_2O_3	Fe_2O_3	FeO	CaO	MgO	K_2O	Na_2O	MnO	TiO_2	P_2O_5	SO_3	烧失量
粗粉砂型	70.12	9.94	2.72	1.04	1.50	2.10	2.27	1.94	0.101	0.57	0.145	0.168	0.479
粗—细过渡型	69.80	9.97	2.30	1.18	1.90	3.67	2.28	1.94	0.06	0.64	0.149	0.065	5.7
细粉砂型	66.23	11.13	2.47	1.49	2.15	3.9	2.24	1.94	0.12	0.68	0.158	0.056	6.44

二、沉积模式

西太阳沙海域钻孔揭示了工作区全新世中晚期潮成沙脊沉积序列和晚更新世末期滨岸潮滩沉积序列(图7-4)。

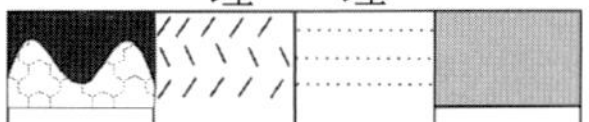

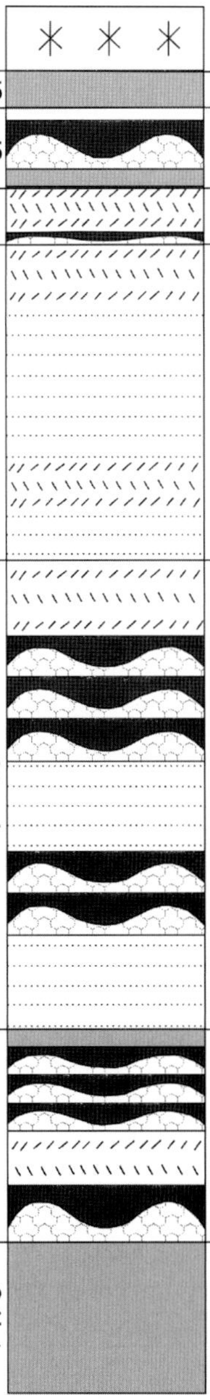

厚度(m)	沉积模式	潮汐层理	沙波交错层理	层状砂质层理	砂泥层互层或泥质层	沉积物类型	生物扰动
1	潮上带盐沼					粉砂质黏土或黏土质粉砂	
0.5	高潮位泥滩				100*	黏土质粉砂	中等—强烈
1.5	中潮位砂-泥混合滩	60	10	0	30	粉砂黏土与粉砂互层	
1	低潮位粉砂滩	5	85	10	0	粉砂和极细砂	
6	沙脊-浅潮下	1	33	66	0	粉砂、极细砂	微弱—无
4~10	沙脊-深潮下	41	14	45	0		强烈
8	潮汐通道底部	75	20	0	5	细砂质粉砂夹粉砂质黏土	中等
>1.5	过渡带	0	0	0	100	粉砂质黏土与黏土质粉砂	未知

注：*图中数字指示沉积构造出现概率(%)。

图7-4 工作区潮滩-潮流沙脊-潮流通道体系沉积模式图

潮成沙脊在垂向上由两个基本的沉积相构成:出现在水深－5m 以上的沙脊-浅潮下相以发育小型沙波交错层理、水平层理、块状层理和缺乏生物扰动为特点;发育在水深－5m 以下的沙脊-深潮下相以出现脉状层理、波状层理和沙波交错层理组合为特点,具有丰富的生物扰动,并保存有风暴沉积。

第三节　海域侵淤变化

一、海域地貌

从20世纪60年代到90年代,烂沙洋水道的深水区在不断地向西发展,深水区面积在逐渐扩大,随着深槽的西移,位于太阳沙与大洪垦子之间的浅水段也在向西移动,两地的水深变化不大,处于微冲微淤的动态平衡之中。冲刷段主要位于西太阳沙与鳓鱼沙之间和通道的顶端。局部淤积发生在太阳沙与大洪垦子之间。由于烂沙洋与黄沙洋尾部水流通道的发展及水量交换,烂沙洋潮流落潮历时大于涨潮历时,落潮流速大于涨潮流速的特征得以维持,这对烂沙洋水道水深的维护是非常有利的,使该水道有开发利用的前景。可以认为,目前至50～100年后,码头所在水域(烂沙洋、黄沙洋深槽)潮波系统及泥沙来源等大尺度自然条件不会有大的改变,该潮流通道的自然环境亦将保持稳定,其水道将维持现有条件。

二、洋口港海域侵淤变化分析

对比1994年和2003年的水深图,西太阳沙北侧深槽有淤积,其最深点的标高由－25m 淤高到－18m,深槽底部南边缘的标高由－21m 淤高到－17m。目前深槽的底标高在－18～－17m 之间。大洪垦子附近的深槽有所冲刷,冲刷深度约0.5m。岸滩5m 等高线以上总体上呈向外海推进趋势,沿程最大推进距离为1900m,平均推进距离为880m,折合平均为104m/a。而0m 等深线,除局部地段变化较大外,大部分区域有进有退,但变化幅度较小,年平均推进距离为42m。据计算,1994—2003年淤积总厚度为1.04m,平均淤积厚度为0.12m/a,而中部和东部岸滩变化不大(图7-5)。

洋口港地区随涨潮流带入海滩的泥沙,沿程落淤堆积,因而整个岸滩动态特点是以一定的速度淤高,海岸线向外推进。但它淤高的强度、推进速度岸段之间差异较大,同一岸段的滩面不同部位亦悬殊。因为潮波辐合,且受东北风影响,环港以北的小洋口正常潮位最高,夏季受台风影响,潮流作用更强,将外海携带物质沿小洋口的深槽向湾顶堆积,因此环港至老坝港淤积最强,潮上带(平均高潮线以上)淤积厚度为1.40～5.87cm/a;潮间带(平均高、低潮线之间)淤积厚度为2.82～6.00cm/a;潮下带(平均低潮线以下)所能测到的范围(1000～2800m)内淤积厚度为7.26～11.20cm/a。

随着西太阳沙人工岛的规划建设,工程对周边海域水动力及泥沙冲淤的影响也引起了部分学者的关注,通过分析工程建设前后水动力条件的变化,对西太阳沙海域潮流场进行数值模拟,建立潮流泥沙物理模型,结果表明,它基本未改变西太阳沙附近潮流动力场格局和动力泥沙环境,印证了人工岛工程的可行性。

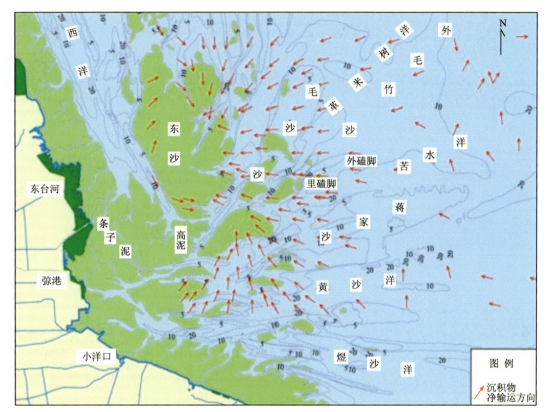

图 7-5 洋口港海域沉积物净输运方向

第四节 海洋水动力环境模拟

一、数值模拟方法

Delft 3D 是荷兰 Delft 大学 WL Delft Hydraulics 开发的一套功能强大的软件包,包括水流、波浪、水质(Water Quality)、网格制作及后期数据处理等模块,是目前国际上先进的水流、沉积物、水质模型之一,具有计算二维和三维水流、水质、沉积物、生态等诸多功能。Delft 3D 成功应用于河流及海岸工程水动力、沉积物运输、水质变化应用及研究中。国内外许多学者就 Delft 3D 的稳定性及准确性做了相关的验证和评估。Delft 3D 的设计思想是生成网格和网格节点上的水深文件,并设置糙率场和紊动黏性系数分布,在给定的初始条件和边界条件下对水流控制方程进行离散求解,通过对应的模块来计算相应的水流问题。其中 How 模块采用曲线正交网格,其数值格式在空间上采用有限差分法,在时间上采用交替方向隐式格式法(ADI 法)。

1. 基本控制方程

辐射沙脊群海域是大陆架浅海,水流和沉积物在垂向上的变化远小于水平方向上的变化,加上沉积物二维模型已经满足研究需要,所以本书所有网格均使用球面二维网格。模型使用的连续方程为:

$$\frac{\partial \zeta}{\partial t} + \frac{1}{\sqrt{G_{\xi\xi}}\sqrt{G_{\eta\eta}}}\frac{\partial[(d+\zeta)u\sqrt{G_{\eta\eta}}]}{\partial \xi} + \frac{1}{\sqrt{G_{\xi\xi}}\sqrt{G_{\eta\eta}}}\frac{\partial[(d+\zeta)v\sqrt{G_{\eta\eta}}]}{\partial \eta} = Q \tag{7-1}$$

式中,Q 为单位面积的源通量或汇通量;ζ 为水位;u,v 分别为 ξ 和 η 方向上的流速分量;d 为基准面下的水深;$G_{\xi\xi}$、$G_{\eta\eta}$ 为曲线正交坐标系与卡迪尔坐标系之间的转换系数。

$$\sqrt{G_{\xi\xi}} = R\cos\varphi$$
$$\sqrt{G_{\eta\eta}} = R \tag{7-2}$$

式中,R 为地球半径,为 6 378.137km(WGS 84);φ 为纬度。

在水平方向 ζ 和 η 上的动量方程分别为:

$$\frac{\partial u}{\partial t} + \frac{u}{\sqrt{G_{\xi\xi}}}\frac{\partial u}{\partial \xi} + \frac{v}{\sqrt{G_{\eta\eta}}}\frac{\partial u}{\partial \eta} + \frac{w}{d+\zeta}\frac{\partial u}{\partial \sigma} + \frac{uv}{\sqrt{G_{\xi\xi}}\sqrt{G_{\eta\eta}}}\frac{\partial \sqrt{G_{\xi\xi}}}{\partial \eta}$$
$$- \frac{v^2}{\sqrt{G_{\xi\xi}}\sqrt{G_{\eta\eta}}}\frac{\partial \sqrt{G_{\eta\eta}}}{\partial \xi} - fv = \frac{1}{\rho_0\sqrt{G_{\xi\xi}}}P_\xi + F_\xi + \frac{1}{(d+\zeta)^2}\frac{\partial}{\partial \sigma}\left(\nu_v\frac{\partial u}{\partial \sigma}\right) \tag{7-3}$$

$$\frac{\partial v}{\partial t} + \frac{u}{\sqrt{G_{\xi\xi}}}\frac{\partial v}{\partial \xi} + \frac{v}{\sqrt{G_{\eta\eta}}}\frac{\partial v}{\partial \eta} + \frac{w}{d+\zeta}\frac{\partial v}{\partial \sigma} + \frac{uv}{\sqrt{G_{\xi\xi}}\sqrt{G_{\eta\eta}}}\frac{\partial \sqrt{G_{\xi\xi}}}{\partial \eta}$$
$$- \frac{u^2}{\sqrt{G_{\xi\xi}}\sqrt{G_{\eta\eta}}}\frac{\partial \sqrt{G_{\eta\eta}}}{\partial \xi} + fu = -\frac{1}{\rho\sqrt{G_{\eta\eta}}}P_\eta + F_\eta + \frac{1}{(d+\zeta)^2}\frac{\partial}{\partial \sigma}\left(\nu_v\frac{\partial v}{\partial \sigma}\right) \tag{7-4}$$

式中,ρ_0 为水体密度;f 为科氏力参数,由地球自转角速度 Ω 和纬度 φ 决定;ω 为垂向流速,由于本书使用二维模式,所以上式中左边第四项和右边第三项均可忽略;F_ξ 和 F_η 分别为 ξ 和 η 方向起平衡作用的雷诺应力,或者称为摩擦力;P_ξ 和 P_η 分别为 ξ 和 η 方向上的压力梯度力。

假定流体为不可压缩且考虑大气压 P_{atm} 的变化,则水平方向上的压力梯度力可通过下式求得:

$$\frac{1}{\rho_0\sqrt{G_{\xi\xi}}}P_\xi = \frac{g}{\sqrt{G_{\xi\xi}}}\frac{\partial \zeta}{\partial \xi} + \frac{1}{\rho_0\sqrt{G_{\xi\xi}}}\frac{\partial P_{atm}}{\partial \xi}$$
$$\frac{1}{\rho_0\sqrt{G_{\eta\eta}}}P_\eta = \frac{g}{\sqrt{G_{\eta\eta}}}\frac{\partial \zeta}{\partial \eta} + \frac{1}{\rho_0\sqrt{G_{\eta\eta}}}\frac{\partial P_{atm}}{\partial \eta} \tag{7-5}$$

2. 物质输运方程

物质守恒下的物质平面输运公式为:

$$\frac{\partial(d+\zeta)}{\partial t} + \frac{1}{\sqrt{G_{\xi\xi}}\sqrt{G_{\eta\eta}}}\left\{\frac{\partial(d+\zeta)u\sqrt{G_{\eta\eta}}C}{\partial \xi} - \frac{\partial(d+\zeta)v\sqrt{G_{\xi\xi}}C}{\partial \eta}\right\}$$
$$= \frac{d+\xi}{\sqrt{G_{\eta\eta}}\sqrt{G_{\xi\xi}}}\left[\frac{\partial}{\partial \xi}\left(D_h\frac{\sqrt{G_{\eta\eta}}}{\sqrt{G_{\xi\xi}}}\frac{\partial C}{\partial \xi}\right) + \frac{\partial}{\partial \eta}\left(D_h\frac{\sqrt{G_{\xi\xi}}}{\sqrt{G_{\eta\eta}}}\frac{\partial C}{\partial \eta}\right)\right] + (d+\zeta)C + \Delta F \tag{7-6}$$
$$\Delta F = H(q_{in}C_{in} - q_{out}C_{out})$$
$$H = d + \zeta$$

式中,D_h 为水平活动扩散系数;H 为水深,ΔF 为单元内物质含量的变化量;q_{in}、q_{out} 分别为单元流进和流出的水通量;C_{in}、C_{out} 分别为单元流进和流出的物质浓度。

3. 非黏性沉积物沉降速度和侵蚀淤积

非黏性沉积物单组分基本沉降速度为:

$$w_{s,0}^{(L)} = \begin{cases} \dfrac{(s^{(L)}-1)gD_s^{(L)2}}{18\nu} & (65\mu m < D_s < 100\mu m) \\ \dfrac{10\nu}{D_s}\left[1 + \dfrac{0.01(s^{(L)}-1)gD_s^{(L)3}}{\nu^2} - 1\right]^{0.5} & (100\mu m < D_s < 1000\mu m) \\ 1.1\left[(s^{(L)}-1)gD_s^{(L)2}\right]^{0.5} & (D_s > 1000\mu m) \end{cases} \quad (7\text{-}7)$$

式中,D_s 为非黏性沉积物颗粒直径大小,为运动黏滞系数;g 为重力加速度;S 为沉积物组分 L 相对水体的密度(ρ_s/ρ_w)比值。

某个粒径的沉积物沉降会受到其他粒径沉积物的影响,计算单个组分受其他沉积物影响下的沉降速度使用 Richardson 和 ZaiK1(1954)方法:

$$w_s^{(L)} = \left(1 - \dfrac{c_s^{tot}}{\text{CSOIL}}\right)^5 w_{s,0}^{(L)} \quad (7\text{-}8)$$

式中,CSOIL 是参考密度,默认为 1600kg/m^3;c_s^{tot} 是各组分沉积物的总质量浓度。

$$c_s^{tot} = \sum^{lsed} c^{(L)} \quad (7\text{-}9)$$

4. 黏性沉积物沉降速度和侵蚀淤积

黏性沉积物盐水中常呈絮凝体沉降,沉降速度比非絮凝状态下大许多,计算这种状态下的黏性沉积物基本沉降速度需要提供两种不同的沉降速度和作为两种沉降速度的盐度界限。

$$\begin{aligned} w_s^{(L)} &= \dfrac{w_{s,\max}^{(L)}}{2}\left[1 - \cos\left(\dfrac{\pi S}{S_{\max}}\right)\right] + \dfrac{w_{s,f}^{(L)}}{2}\left[1 + \cos\left(\dfrac{\pi S}{S_{\max}}\right)\right] & S \leqslant S_{\max} \\ w_{s,0}^{(L)} &= w_{s,\max}^{(L)} & S > S_{\max} \end{aligned} \quad (7\text{-}10)$$

式中,$w_{s,f}^{(L)}$ 是纯水中的沉积物沉降速度;$w_{s,\max}^{(L)}$ 是在临界盐度 $S_{\max}$ 下的沉降速度;S 为盐度。

黏性沉积物的沉降速度依然也会受到其他组分沉积物的影响,受其他组分沉积物影响下的沉降速度见公式(7-8)和公式(7-9)。

侵蚀公式:

$$E^{(L)} = M^{(L)} S(\tau_{cw}, \tau_{cr,e}^{(L)}) \quad (7\text{-}11)$$

式中,$E^{(L)}$ 为侵蚀通量;$M^{(L)}$ 为侵蚀系数(用户定义);$\tau_{cr,e}$ 为临界侵蚀切应力(用户定义);τ_{cw} 为浪流共同作用下的底部切应力。

淤积公式:

$$D^{(L)} = w_s^{(L)} c_b^{(L)} S(\tau_{cw}, \tau_{cr,d}^{(L)}) \quad (7\text{-}12)$$

$$S(\tau_{cw}, \tau_{cr,d}^{(L)}) = \begin{cases} \left(1 - \dfrac{\tau_{cw}}{\tau_{cr,d}^{(L)}}\right) & \tau_{cw} < \tau_{cr,d}^{(L)} \\ 0 & \tau_{cw} > \tau_{cr,d}^{(L)} \end{cases} \quad (7\text{-}13)$$

$$c_b^{(L)} = c^{(L)}\left(z = \dfrac{\Delta z_b}{2}, t\right) \quad (7\text{-}14)$$

式中,$D^{(L)}$ 为侵蚀通量;$\tau_{cr,d}^{(L)}$ 为临界沉降切应力(用户定义);$c_b^{(L)}$ 为底部黏性沉积物浓度。

5. 切应力计算

二维底部切应力计算公式如下:

$$\tau_{bx} = \rho_w g\left(\dfrac{|U|u}{C^2}\right) \quad (7\text{-}15)$$

$$\tau_{by} = \rho_w g\left(\dfrac{|U|\nu}{C^2}\right) \quad (7\text{-}16)$$

二维 Chezy 底摩擦系数 C 可以通过以下几种公式计算：

(1) Chezy 公式。$C=$Chezy 系数($m^{1/2}/s$)（用户自定义）。

(2) Manning 公式。$C=\dfrac{\sqrt[6]{h}}{n}$，h 为水深(m)，n 为 Manning 系数($m^{1/3}/s$)（用户自定义）。

(3) White 公式。$C=18\lg_{10}\left(\dfrac{12h}{K_s}\right)$，$h$ 为水深(m)，K_s 为底粗糙长度(m)（用户自定义）。

6. 模拟区域

网格使用低空间分辨率网格计算水动力，分析整个区域的潮沙潮流特征，并为高空间分辨率网格提供水位边界（图7-6）。高空间分辨率网格范围覆盖了辐射沙脊群主体，中心位置为弶港，网格数为 622×262 个，网格分布均匀，长、宽平均约为 555m×266m。理想模型网格数为 486×486 个，大小均一，长宽分别约为 1200m、800m，覆盖范围与模型类似。

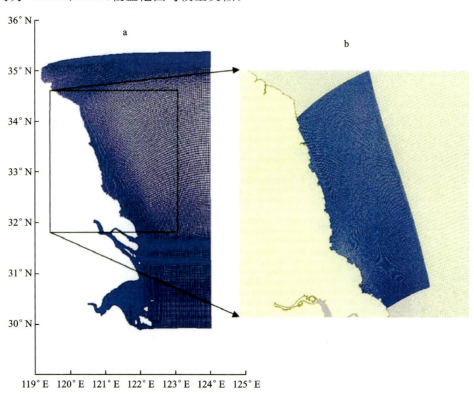

图7-6 Delft 3D 模型(a)与辐射沙洲海域模型(b，深蓝色区域)网格区域示意图

海底地形数据使用 1979 年海图的数字化的辐射沙脊群地形，所有的地形数据转换成大地基准面参照系下的地形数据。具体地形见图7-7。

模型外海开边界共有东、南、北 3 条边界，水位调和常数使用邢飞(2010)模型计算出来的水位数据，在长江口顶部和杭州湾顶部分别设有河流边界，边界类型为时间序列的总水通量边界。选取 2007 年大通水文站流量数据作为长江进入工作区的开边界条件。验证资料利用全潮观测站 40 个站次，其中 31 个站次为 2006—2007 年间观测数据，包括冬季、夏季大潮期间的测量结果。流速大部分使用 ADCP(RDI，600kHz)观测得到，少数时刻因为仪器故障，使用海流计观测 6 层流速数据。悬沙浓度用过滤法分析现场水样得到。

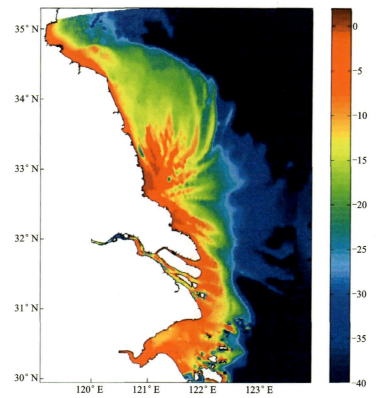

图 7-7　模型初始水深图(平均海平面以下为负值,以当地平均海平面为基准)

二、潮流场数值模拟结果

1. 模型流场

选取了两个时刻分别代表辐射沙脊群海域涨急和落急时刻整个模拟区域的流场。结果显示,当辐射沙脊群海域处于涨急时刻时,辐射沙脊群海域出现辐聚型流场,平均流速为 1~2m/s(图 7-8)。此时废黄河口区域为落急时刻,废黄河口至辐射沙脊群海域流场呈现顺时针的形式分布。废黄河口外海,在 34.8°N,122°E 的位置,潮流分成两股:一股向东北方向;另一股向东南方向。呈逆时针,最后辐聚至辐射沙脊群海域中心——弶港。长江口往北海域,流场呈单一方向(西北方向),辐聚至辐射沙脊群中心。与此同时,杭州湾内出现涨急,湾内流速可达 2m/s 以上。

当辐射沙脊群海域为落急时刻时,辐射沙脊群海域出现辐散型流场,向北逆时针旋转至废黄河口,向东顺时针旋转直至杭州湾外,与杭州湾落潮流汇合转向成南偏东方向(图 7-9)。废黄河口海域此时为涨急时刻,废黄河口外海有两股分别来自东北和东南方向的潮流在 34.8°N,122°E 处汇合,并向西流向废黄河口。杭州湾此时处于落急时刻,弯内水流向东,与从辐射沙脊群方向来的潮流汇合后转为南偏东方向。

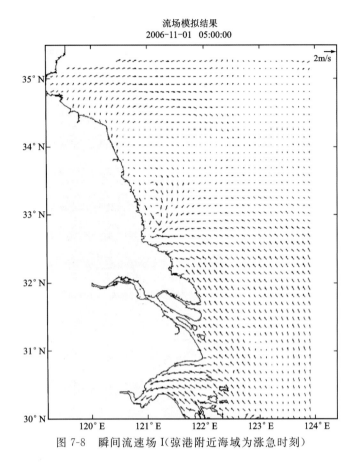

图 7-8 瞬间流速场 I（弶港附近海域为涨急时刻）

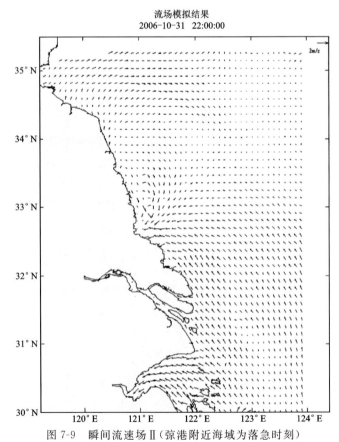

图 7-9 瞬间流速场 II（弶港附近海域为落急时刻）

2. 水位场模拟

图 7-10 显示,M2 分潮在东海和南黄海区域受两个潮波共同作用。一是由南偏东方向沿海岸线向西北传播的前进型潮波;二是以 34.6°N,121.8°E 的无潮点为核心的旋转潮波。两个潮波系统在弶港海域汇合。长江口、杭州湾海域主要受前进波的影响,辐射沙脊群以北海域主要受旋转潮波的影响。

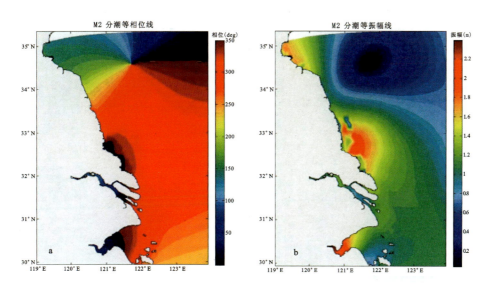

图 7-10　M2 分潮同潮图
a. 相位;b. 振幅

由等振幅线可见,M2 分潮在 3 个海域有能量辐聚的现象,从南向北分别是杭州湾、弶港和海州湾。杭州湾内 M2 分潮振幅可达 2.4m,辐射沙脊群海域可达 2m,海州湾海域可达 1.8m。杭州湾由外向内振幅逐渐增大,在湾口 M2 分潮约为 1m。在 34.6°N,121.8°E 附近出现无潮点,M2 分潮振幅为零。M2 等振幅和等相位线与 Fang(1984)、夏综万等(1984)、赵保仁等(1994)、叶安乐等(1995)、王振文等(1998)较大尺度下的潮汐模拟结果一致。他们的模拟研究发现,M2 分潮在黄海存在多个无潮点,其中在南黄海北部(废黄河口附近海域)存在无潮点。赵保仁等(1994)计算结果为全日分潮 Ml(K1 和 O1 的平均)的无潮点发生在 34°E,122.8°N 的位置。

由上分析可知,辐射沙脊群主要受以 M2 和 S2 为主的半日分潮控制,潮波能量由外向内呈辐聚分布(图 7-11～图 7-13)。从 M2 和 S2 振幅分布显示,辐射沙脊群的等值线在亮月沙、条子泥及吕四港北部沿海海域出现不连续的分布。这主要与地形因素有关,该海域经常处于露滩的状态,水位数据不连续,因此在进行调和分析时,容易产生空白结果,另外受地形约束,潮波在该海域变形剧烈,因此出现这样的异常情况。但这些区域相对较小,不影响整体分析。

三、沉积物输运数值模拟结果

1. 悬沙浓度的验证

悬沙浓度的验证结果显示,模型模拟结果与实测结果在同一个数量级上,9 个测站的实际垂线平均悬沙浓度为 0.1～0.4kg/m³。在部分站点,悬沙浓度模拟结果偏高,比实测值高 0.4～0.6kg/m³,其他

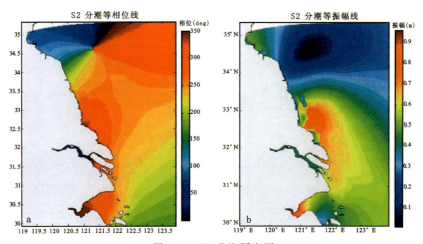

图 7-11　S2 分潮同潮图
a.相位；b.振幅

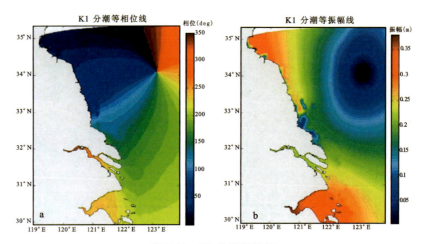

图 7-12　K1 分潮同潮图
a.相位；b.振幅

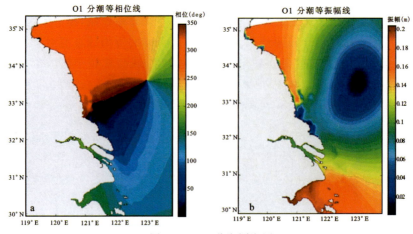

图 7-13　O1 分潮同潮图
a.相位；b.振幅

各站验证结果相对较好。黏性沉积物沉降和再悬浮过程相对比较复杂,跟地形、表层沉积物干密度、颗粒粒径大小、底部切应力、临界沉降切应力、临界侵蚀切应力及沉降速度有很大的关系,而这些参数并无普适的计算方法,许多需要依赖经验参数。模型使用的是较老的地形,表层沉积物干密度、临界切应力和沉降速度使用的是一个恒定值,因此在模拟结果上有一定偏差是可以接受的。黏性沉积物的模拟一直是沉积物研究中的重要问题,目前尚无成熟、高精度、普适的模拟方法(李孟国等,2011;温洪涌,2008)。

悬沙浓度的模拟与底质分布,如黏性泥沙与非黏性泥沙的组分含量,非黏性泥沙中不同粒级的组分含量、不同泥沙组分的底床干密度等有密切关系。由于工作区范围较大,完整的相关资料获取难度较大。目前,正在努力获取该区域大范围的底质分布特征,将用于未来精细化的模拟中。

2. 悬沙浓度模拟结果

以位于陈家坞槽中部的站点为例,悬沙浓度的变化与潮型有密切关系:大潮悬沙浓度高、小潮悬沙浓度低。大潮时悬沙浓度可达 $1.2kg/m^3$,小潮时悬沙浓度低至 $0.1kg/m^3$,相邻的两个大潮悬沙浓度亦存在差异,潮差较大的大潮悬沙浓度更大。简而言之,在一个潮周期内悬沙浓度整体大小与潮差成正比,并与潮型密切相关。

提取不同潮型的 4 个典型时刻(落急、落憩、涨急、涨憩)的悬沙浓度进行分析,结果显示如下。

小潮期间(图 7-14):辐射沙脊群海域整体悬沙浓度都较低,平均小于 $0.2kg/m^3$。除局部区域,如北尖子、东大港、西大港附近海域存在高值分布且悬沙浓度变化强烈外,其他区域悬沙浓度普遍较低,且变化不显著。落急时刻,东大港悬沙浓度可达 $0.8kg/m^3$,西大港悬沙浓度可达 $1.5kg/m^3$ 以上。涨急时刻悬沙浓度并不高,高值分布于北尖子尖凸处,悬沙浓度约 $1.0kg/m^3$。落憩时刻,悬沙浓度高值中心在北尖子西北部区域,最高可达 $1.5kg/m^3$。涨憩期间,悬沙浓度最高,高值中心分布范围也最大。最大值出现在西大港南部,悬沙浓度可达 $1.5kg/m^3$ 以上。

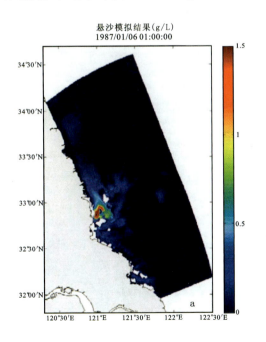 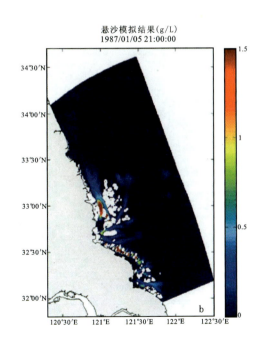

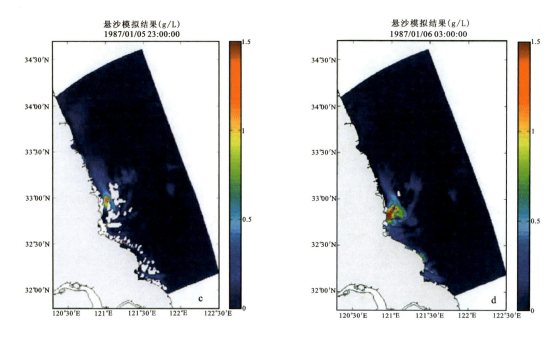

图 7-14 小潮期间悬沙浓度模拟结果
(a. 落急;b. 落憩;c. 涨急;d. 涨憩。图中空白区为干滩区域)

中潮期间(图 7-15):与小潮相比,高悬沙浓度分布范围明显增大,向南可至吕四港附近海域,向北可达东沙北部,向东可达东沙东部。悬沙浓度在空间上,呈近岸高、离岸低的分布格局。其中悬沙浓度分布最低的是黄沙洋和烂沙洋海域,中潮期间,其悬沙浓度小于 $0.8 kg/m^3$;悬沙浓度分布最高的是西洋、条子泥北部、东大港、西大港海域。

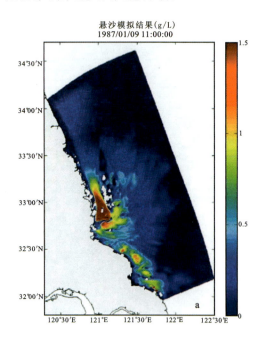
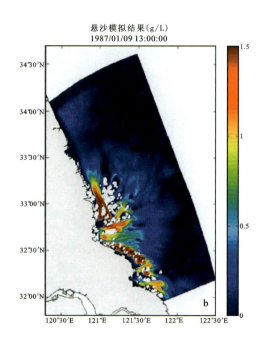

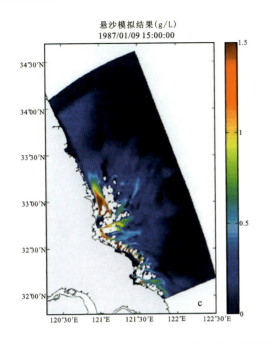
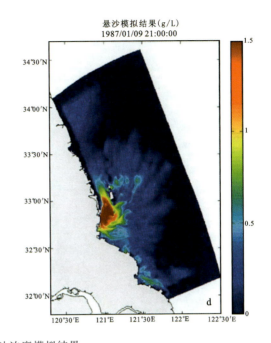

图 7-15　中潮期间悬沙浓度模拟结果
(a.落急；b.落憩；c.涨急；d.涨憩。图中空白区为干滩区域)

落憩期间：主要深槽都有高悬沙分布，如西洋南部、烂沙洋西部、大湾洪顶部等；另外在吕四至小洋港之间的潮滩上有许多高值集中区零星分布，可能与该海域的次级深槽落潮时间比较长有关。涨潮期间，依然在西洋潮流通道出现悬沙高值，南部大湾洪、黄沙洋、烂沙洋等主要潮流通道悬沙相对较低，一般小于 0.6kg/m^3。涨憩期间，西洋南部、北尖子附近、条子泥中心出现高值，悬沙浓度高达 1.5kg/m^3 以上，南部及外围悬沙相对较低，一般小于 0.5kg/m^3。

大潮期间(图 7-16)：高悬沙浓度分布范围更为广泛，向东可延伸至毛竹沙尾部。其中以陈家坞槽、西洋、条子泥中心海域悬沙浓度最高，且在超周期内一直保持较高的水平，一般在 1.2kg/m^3 以上。高悬沙浓度一般分布于脊间深槽内，比如西洋、陈家坞槽、草米树洋、大湾洪、苦水洋东部、烂沙洋东部、黄沙洋东部等深水潮流通道。近岸海域，尤其是条子泥附近海域，一直保持着较高的悬沙浓度。

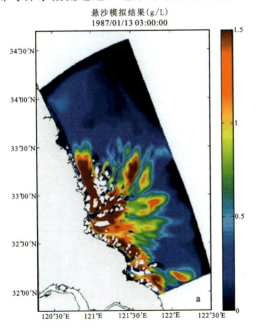
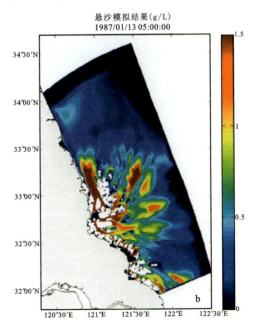

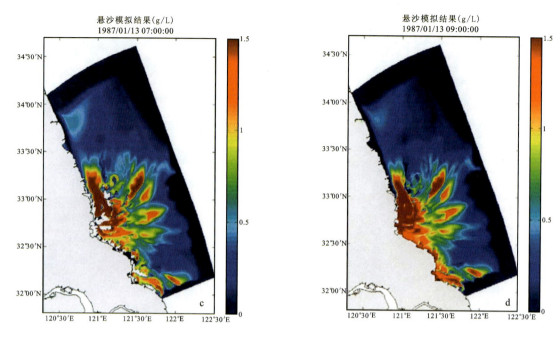

图 7-16 大潮期间悬沙浓度模拟结果

(a.落急;b.落憩;c.涨急;d.涨憩。图中空白区为干滩区域)

前人在西洋、东大港等地均有实测研究。朱大奎等(1994)实测发现,西洋海域大潮、小潮悬沙浓度变化分别为 $0.9\sim1.7\text{kg/m}^3$、$0.3\sim0.9\text{kg/m}^3$,大洪水道悬沙浓度大潮、中潮、小潮平均为 0.8kg/m^3、0.1kg/m^3、0.08kg/m^3。陈君等(2007)实测发现,西洋北部平均悬沙浓度为 0.63kg/m^3,西洋中部、北尖子北部区域平均悬沙浓度最高,可达 1.54kg/m^3,西洋南部、东大港海域悬沙浓度相对较低,平均为 0.80kg/m^3。吴德安等(2006,2007)在东大港的实测发现,东大港悬沙浓度最高可达 1.0kg/m^3 以上。本书模拟结果与前人的实测结果相比,整体数值相当。在西洋海域出现北边低、中部高、南部(东大港)低的分布规律。大潮期间大洪水道的模拟结果相比实测结果(朱大奎等,1994)偏高,中潮、小潮模拟结果与测量结果相当。因此,辐射沙洲海域模型的悬沙模拟结果较为可信。

3. 悬沙输运模拟结果

1987 年 1 月 5 日 07:00(小潮低平潮)至 1987 年 1 月 21 日 21:00(小潮低平潮)的悬沙、水深、流速场(数据频率 1 小时一个)计算辐射沙脊群海域的悬沙净输运率,包括大潮、中潮、小潮和平均净输运率。平均悬沙净输运率计算结果(图 7-17)显示:

(1)辐射沙脊群北部海域悬沙向东南方向输运,至辐射沙脊群北部边缘处向东偏转,其单宽净输运率约为 0.4kg/(m·s)。北部悬沙在西洋北部(即东沙群北缘)分成两股:一股沿岸向西洋南部输运,另一股转向东南方向,向外毛竹沙东部输运。从射阳至西洋南部近岸海域,及西洋西侧浅水海域,悬沙平行于海岸线向南输运,一直到北尖子附近,北尖子往南沿岸悬沙向北输运。

(2)悬沙净输运率在工作区 5 个区域出现高值分布:①西洋深槽。西洋深槽中心悬沙输运率高达 2.0kg/(m·s),方向向海,在小阴沙北部与辐射沙脊群北部沉积物流汇合,转向东偏南方向。②陈家坞槽。陈家坞槽悬沙向外输运,最大净输运率高达 1.5kg/(m·s)。③草米树洋。草米树洋两侧悬沙向相仿,近毛竹沙一侧,悬沙向岸输运(即西南方向),净输运可达 1.2kg/(m·s) 以上,近外毛竹沙一侧悬沙向外海输运(即东北方向),净输运率相对较小,最大不超过 1.0kg/(m·s)。④黄沙洋。黄沙洋悬沙向陆输运,净输运率最大可达 1.0kg/(m·s)。⑤冷家沙外围。冷家沙外围形成顺时针方向旋转的悬沙,

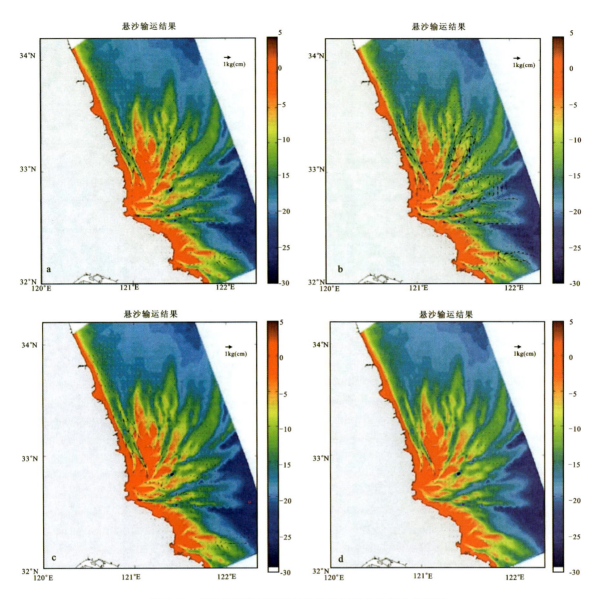

图 7-17　辐射沙洲海域模型悬沙净输运率的空间分布格局
(a.平均;b.大潮;c.中潮;d.小潮。图中空白区为干滩区域)

净输运率在 0.8kg/(m·s)以上。

对比大潮、中潮、小潮期间悬沙输运结果发现,大潮、中潮、小潮期间的悬沙输运格局有显著差异。

大潮期间的悬沙输运率主要在深槽,如西洋、陈家坞槽、草米树洋、黄沙洋都较大,单宽净输运率往往可达 2.0kg/(m·s)以上。辐射沙脊群以北海域悬沙输运方向和大小差异不大,西洋西侧沿岸悬沙输运方向与西洋深槽悬沙输运方向一致,均向海。辐射沙脊群以北海域的沉积物流向南到达小阴沙北部后便向东偏转。

中潮期间,悬沙输运率明显降低,除西洋深槽及黄沙洋西部悬沙净输运可达 1.0kg/(m·s)以上,其他海域悬沙净输运率均小于 1.0kg/(m·s)。西洋南北悬沙净输运方向相反,北部向海(北偏西),南部向陆(南偏东)。辐射沙脊群以北的沉积物流向南可至小阴沙中部变小并转向。黄沙洋西部海域悬沙依然向陆输运,即向小洋港方向输运。陈家坞槽与草米树洋整体悬沙输运较小,净输运率一般小于 0.4kg/(m·s)。

小潮期间,由于悬沙浓度低,悬沙输运率也整体偏低,仅在西洋南部海域悬沙净输运率可达 0.5kg/(m·s),外毛竹沙东部净输运率可达 0.4kg/(m·s),其他海域极少出现净输运率达到 0.1kg/(m·s)以上。西洋深槽,从北向南悬沙净输运率逐渐增大,从小阴沙附近的0.1kg/(m·s)逐渐增大到东港附近的0.6kg/(m·s),且整个西洋海域悬沙均向条子泥方向输运(即南偏东方向)。

综合大潮、中潮、小潮及平均模拟结果可以推论,辐射沙脊群海域的地形变化主要受控于大潮期间的悬沙输运分布。大潮期间悬沙浓度远大于中潮和小潮,悬沙输运率大潮远大于中潮和小潮,近岸海域大潮悬沙净输运率是中潮的2倍以上,小潮的4倍以上,离岸较远海域数量级差别更大,以主要深槽如西洋、陈家坞槽、黄沙洋的悬沙输运变化最为明显。大潮、中潮、小潮悬沙输运格局差异显著。以西洋为例,西洋海域大潮期间悬沙向海输运;中潮期间北部向海,南部向南;小潮期间,悬沙均向陆输运。除了西洋西侧沿岸向陆输运与大潮有所差异,西洋海域平均结果与大潮几乎一致。陈家坞槽也基本类似。

前人实测显示,西洋水道和陈家坞槽不断受到侵蚀,悬沙主要向海输运,与本书的研究结果一致。

四、辐射沙脊地形演化数值模拟

模拟结果显示,辐射沙脊群主要潮汐水道受到侵蚀,水深加深,尤其是西洋、陈家坞槽等深槽受侵蚀后水深加深十分明显(图7-18)。之前的流场结果及悬沙输运计算结果也显示,在深槽或潮汐水道内的流速远比其他海域的流速大,悬沙在西洋和陈家坞槽海域向海输运,主要沙脊如条子泥、东沙等在沙脊外缘变得更加平滑,水深变化连续性更好;另外是在条子泥、东沙以及琼港至吕四港岸段的潮滩出现次一级的深槽,并随时间的推移逐渐加深,例如条子泥东西两侧的深槽(即东大港和西大港潮流通道)加深并向潮滩上部延伸,后与条子泥南部的深槽汇合,将条子泥与陆地连接的部分割裂开来。

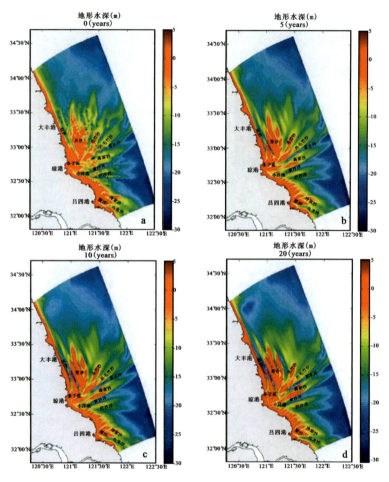

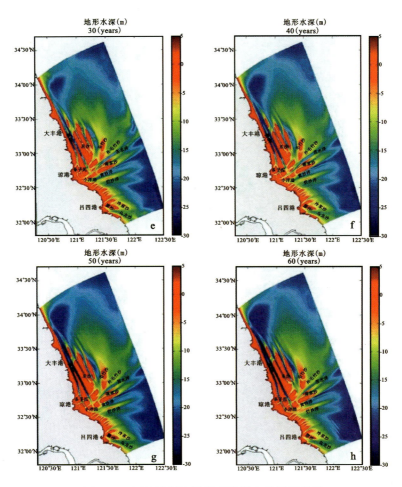

图 7-18 辐射沙洲海域模型地形变化模拟结果

辐射沙脊群主要砂体和深槽的稳定性分析如下。

(1) 东沙群（东沙、亮月沙、泥螺珩、麻菜珩）：东沙整体有向西北移动的趋势，主要来自陈家坞槽向东南和西南方向的不断扩张。其中亮月沙向北偏西方向延伸发育，逐渐与西洋水道走向一致，与东沙连接处不断淤积并最后连接到一起；泥螺珩北部边缘受侵蚀严重，并向西南部萎缩；麻菜珩整体砂体中心不断淤积，临陈家坞槽一侧不断受到侵蚀、水深变深，沙脊微微向西侧移动。泥螺珩与麻菜珩、亮月沙与泥螺珩之间的深槽不断加深。

(2) 条子泥、高泥：高泥与条子泥逐渐分开，中间的深槽深度不断增加，条子泥和高泥核心区不断淤积。条子泥北部受到东大港和西大港潮流通道的不断被侵蚀，先与陆地分离，然后被切成两部分。北尖子向海淤积延伸，与小阴沙连接至一处。高泥也被切成两部分，围绕高泥四周的深槽越来越深，尤其是靠近陆地的深槽。冲淤的结果是高泥和条子泥被多个深槽分裂开来，形成自己的沙群。由于两者皆位于辐射沙脊顶部，砂体整体处于淤积状态。

(3) 外毛竹沙、毛竹沙、竹根沙：因陈家坞槽在毛竹沙北部不向两侧侵蚀，毛竹沙近岸砂体不断向南移动，先与竹根沙合并一处，然后继续南移，陈家坞槽在竹根沙与毛竹沙连接处延伸切入，断开毛竹沙与竹根沙的连接。外毛竹沙整体侵蚀亦受到陈家坞槽的影响，先与竹根沙连接处被切入断开，后逐渐萎缩。毛竹沙由开始的北东-南西走向，逐渐变成南北走向。竹根沙近岸主体不断淤积，如前所述，它与毛竹沙和外毛竹沙的连接处被断，并在原连接处产生深槽，这个深槽有向东扩张的趋势，对竹根沙砂体影响不大。

（4）蒋家沙：在东大港和西大港潮流通道延伸至条子泥南部之前，蒋家沙整体冲淤现状不明显，砂体中心有淤高的趋势。随着西洋深槽的切入和延伸，蒋家沙砂体也受到一定的影响，在砂体近岸部分受到侵蚀。

（5）腰沙、冷家沙、乌龙沙：这3个沙脊在吕四港附近，分布于辐射沙脊群南部。辐射沙脊群南部海域悬沙变化不大，沙脊形态相对稳定，整体变化缓慢，但变化趋势不容忽视。从多年地形变化可以看出，冷家沙不断后退，腰沙变化不大，乌龙沙不断受到冲蚀。

（6）西洋：西洋水道一直受到侵蚀加深，其南部从北尖子处分开的两条潮流通道向条子泥、高泥处延伸，并逐渐切开条子泥和高泥。作为多个港口的深水航道，西洋无疑是非常合适而且非常稳定的。

（7）陈家坞槽（东沙群与毛竹沙中间深槽）：陈家坞槽不断受到侵蚀，向两侧扩张，麻菜珩东侧水深不断加深，向南部延伸，切毛竹沙、外毛竹沙与竹根沙的连接部分。沉积物输运结果也显示陈家坞槽沉积物向外输运。

（8）草米树洋（毛竹沙与外毛竹沙中间深槽）：因毛竹沙砂体不断向东南方向移动，导致草米树洋逐渐萎缩，毛竹沙与外毛竹沙在近岸海域有汇合的趋势。

（9）苦水洋（外毛竹沙与蒋家沙中间深槽）：在陈家坞槽未彻底切开毛竹沙与竹根沙连接部分前，苦水洋西部不断受到侵蚀；陈家坞槽切开毛竹沙与竹根沙后，苦水洋逐渐淤积。

（10）黄沙洋、烂沙洋：黄沙洋和烂沙洋在西洋深槽延伸切穿蒋家沙之前变化不大，几乎不变；西洋深槽延伸并切穿蒋家沙后（约50年时间），黄沙洋近岸部分受到淤积，十分严重。

（11）大湾洪（乌龙沙西南侧）：大湾洪水深变化不大，但有向两侧扩张的趋势，近岸潮滩受到一定的侵蚀，乌龙沙逐渐消失。大湾洪作为港口的深水航道，是相对稳定的。

陈君（2007）对比1973年和2004年卫星照片，发现30年以来东沙东西两侧都受到侵蚀，面积有所缩小，东沙最北点向南退缩2.5km。陈家坞槽和西洋同时处于侵蚀状态，因此东沙两侧不断后退，这与模拟结果是一致的。与模型结果有差异的是，模拟结果显示东沙的北部向外淤长，因为从西洋南部向外输运的沉积物在东沙北部淤积，与卫星照片分析结果有所差异。

模型仅考虑黏性沉积物过程，而事实上辐射沙脊群海域底质主要为砂质粉砂，尤其在深槽内部。一般深槽中心底质较粗，深槽两侧底质较细。因此，模型的模拟结果可能与实际变化有一定出入，比如北尖子的不断淤长，东大港和西大港潮流通道的不断延伸，陈家坞槽对南部海域的侵蚀。

五、辐射沙脊冲淤变化数值模拟结果

模拟结果表明，0～5年内辐射沙脊侵蚀与淤积均十分剧烈，侵蚀或淤积最大可达4m。因为初始地形较为粗糙，尤其是多个沙脊之间的深槽因水深数据密度不够，因此初始地形上深槽并不明显。在辐聚状潮流的作用下，这些原本并不清晰的深槽受到严重的侵蚀和淤积。可以发现，发生侵蚀的一般在深槽部分，比如苦水洋、黄沙洋、西洋等，发生淤积的主要在东沙边缘、西洋两侧潮滩、烂沙洋、蒋家沙、毛竹沙、外毛竹沙、竹根沙以及条子泥部分区域（图7-19）。

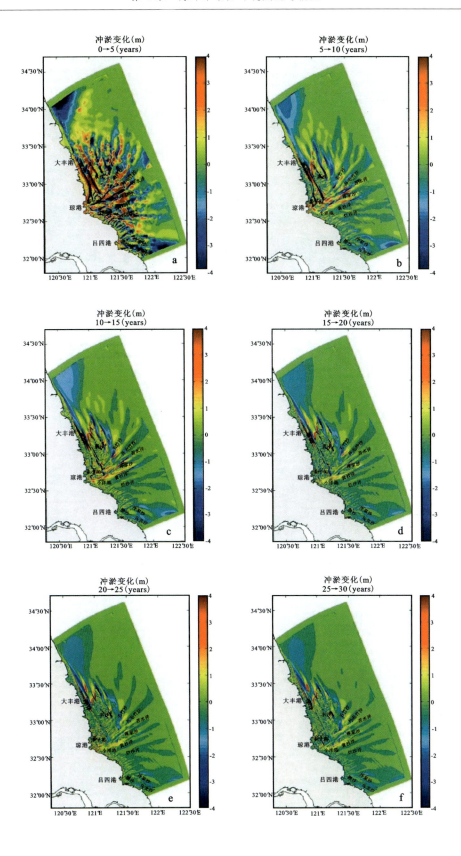

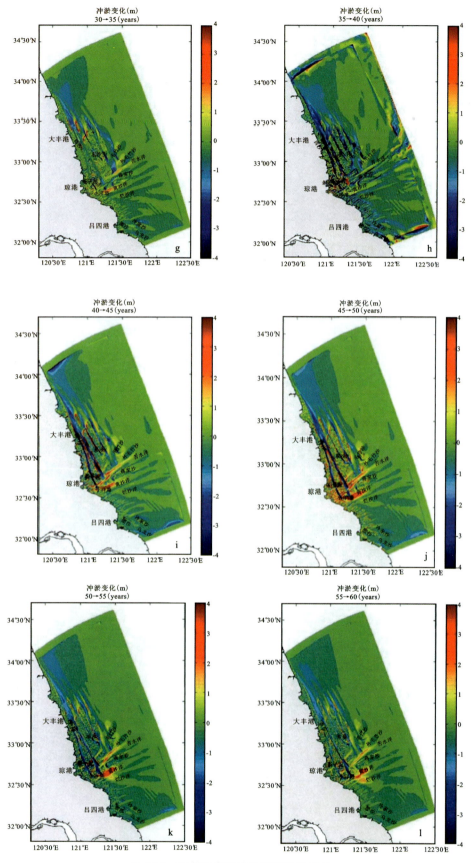

图 7-19 辐射沙脊群冲淤变化计算结果

5~10年期间,侵蚀和淤积发生区域相对比较集中。北部海域,沉积物侵蚀主要发生在西洋地、东大港、西大港潮流通道、苦水洋以及陈家坞槽等,其中西洋和苦水洋是发生侵蚀最严重的海域,5年侵蚀深度可达3m以上。沉积物淤积相对较弱,主要有蒋家沙和位于西洋的小阴沙、亮月沙西侧、东沙西侧、北尖子,局部海域淤积深度可达2m以上。辐射沙脊群南部海域冲淤变化不明显,冷家沙东北侧、腰沙西南侧等有轻微的侵蚀。另外,位于毛竹沙和外毛竹沙中间的草米树洋淤积较为严重。

此后以5年为时间间隔的冲淤变化,与5~10年期间的变化趋势大体相同,西洋及西洋向条子泥延伸的深槽继续受到侵蚀,陈家坞槽两侧不断受到侵蚀。西洋受到侵蚀的结果是西洋向条子泥延伸的深槽越来越深,且次一级深槽——东大港和西大港深水航道向条子泥内部延伸越来越远;陈家坞槽两侧受到侵蚀,同时麻菜珩、团子沙东侧受到侵蚀,沙脊外缘向西北方向淤长后退。部分沙脊继续淤积,其中以蒋家沙北侧、东沙西侧、亮月沙西侧、小阴沙、北尖子等最为显著;草米树洋继续被淤积,毛竹沙竹根沙连接部分被侵蚀。另外值得关注的是,由于西洋一直受到侵蚀,辐射沙脊群北部沿西洋西侧分布的几个港口(如新洋港、斗龙港、大丰港、川东港、川水港等)的深水航道比较稳定;南部小洋港、吕四港、蒿枝港的深水航道冲淤不明显,吕四港深水航道甚至受到轻微的侵蚀。

主要参考文献

毕世普,黄海军,庄克琳,等.长江口河口锋的悬沙及动力特征初探[J].海洋科学,2009,33(12):12-17.

陈报章,李从先,业治铮.冰后期长江三角洲北翼沉积及其环境演变[J].海洋学报,1995,17(1):64-75.

陈橙,王义刚,黄惠明,等.潮动力影响下辐射沙脊群的研究进展[J].水运工程,2013(8):17-24.

陈可锋,陆培东,王艳红,等.南黄海辐射沙洲趋势性演变的动力机制分析[J].水科学进展,2010,21(2):267-273.

陈可锋,陆培东,喻国华.辐射沙脊小庙洪水道日门形态演变及其水动力机制研究[J].中山大学学报(自然科学版),2012,51(2):101-106.

陈可锋,王艳红,陆培东,等.苏北废黄河三角洲侵蚀后退过程及其对潮流动力的影响研究[J].海洋学报,2013,35(3):189-196.

程裕祺.中国区域地质概论[M].北京:地质出版社,1994.

单卫华.江苏南通市地下水主采层水位动态区域演变特征[J].江苏地质,2007,31(3):276-280.

邓文平,余新晓,贾国栋,等.北京西山鹫峰地区氢氧稳定同位素特征分析[J].水科学进展,2013,24(5):642-650.

丁悌平,高建飞,石国钰,等.长江水氢、氧同位素组成的时空变化及其环境意义[J].地质学报,2013,87(5):661-676.

董佳,马洪亮,熊伟.黄沙洋水道末梢浅水槽建港工程潮流数值模拟与泥沙淤积计算[J].水运工程,2013(8):73-79.

哈承佑,赵继昌.南通地区地下水系统[J].水文地质工程地质,1990(4):8-11.

华祖林,耿妍,顾莉.滩涂围垦的环境影响与生态效应研究进展[J].水利经济,2012,30(3):66-69.

黄惠明,刘桂平,王义刚,等.江苏沿海辐射沙脊群泥沙过程及输运模拟[J].水利经济,2012,30(3):10-14.

黄惠明,王义刚,尚进,等.冬季苏北辐射沙洲水域悬沙分布及输运特征分析[J].河海大学学报(自然科学版),2011,39(2):201-205.

黄敬军,陆华.江苏沿海地区深层地下水开发利用现状及环境地质问题[J].水文地质工程地质,2004,31(6):64-68.

江苏省地质矿产局.江苏省及上海市区域地质志[M].北京:地质出版社,1984.

江苏省土壤普查办公室.江苏土壤[M].北京:中国农业出版社,1994.

蒋昌波,伍志元,陈杰,等.风暴潮作用下泥沙运动和岸滩演变研究综述[J].长沙理工大学学报(自然科学版),2014,11(1):1-9.

李从先,范代读,张家强.长江三角洲地区晚第四纪地层及潜在环境问题[J].海洋地质与第四纪地质,2000,20(3):1-7.

李从先,范代读.全新世长江三角洲的发育及其对相邻海岸沉积体系的影响[J].古地理学报,2009,11(1):115-122.

李从先,万明浩,陈庆强.苏北沿南—三仓地区的古河谷及其地质意义[J].科学通报,1997,42(11):2168-2170.

李从先,汪品先.长江晚第四纪河口地层学研究[M].北京:科学出版社,1998.

李加林,张殿发,杨晓平,等.海平面上升的灾害效应及其研究现状[J].灾害学,2005,20(2):49-53.

李孟国,杨树森.西太阳沙和烂沙洋海域深水港开发涉海关键技术问题[J].中国港湾建设,2011(1):1-4.

李靖,高抒,汪亚平.长江口水域悬沙含量时空变化卫星遥感定量研究方法探讨[J].海洋学报,2009,31(4):167-175.

李寿千,陆永军.左利钦,等.波浪及波流边界层泥沙起动规律[J].水科学进展,2014,25(1):106-114.

李行,周云轩,况润元.上海崇明东滩海岸线演变分析及趋势预测[J].吉林大学学报,2010,40(2):417-424.

梁翠.长江口陆源输入变化及河口生态环境响应的初步研究[D].北京:中国科学院大学,2013.

刘佰琼,徐敏,俞亮亮.苏北浅滩腰沙围填海控制线研究[J].长江流域资源与环境,2014,23(10):1391-1397.

刘存富,王佩仪,周炼.河北平原地下水氢氧碳氯同位素组成的环境意义[J].地学前缘,1997,4(1-2):267-264.

马建文,顾行发,冯春,等.CBERS-02卫星图像薄云的去除方法研究[J].中国科学:E辑,2006,35(S1):89-96.

潘进,丁贤荣,康彦彦,等.辐射沙脊群海域悬沙场遥感反演方法[J].地理空间信息,2013,11(2):82-84.

邱琳.江苏南通部分地区深层地下水咸化成因及对策[J].人民长江,2012,43(1):52-54

冉琦.江苏近海物理海洋与海洋气象的时空分布特征[J].长江大学学报,2009,6(4):39-42.

施雅风,朱季文,谢志仁,等.长江三角洲及毗连地区海平面上升影响预测与防治对策[J].中国科学:D辑,2000,30(3):225-232.

王爱军,汪亚平.江苏王港地区现代潮滩地貌发育特征[J].资源调查与环境,2003,24(1):38-44.

王利书,唐泽军.石羊河流域地下水循环的同位素和地球化学演化特征[J].环境科学学报,2013,33(6):1748-1755.

王颖.中国区域海洋学-海洋地貌学[M].北京:海洋出版社,2012.

韦钦胜,刘璐,减家业,等.南黄海悬浮体浓度的平面分布特征及其输运规律[J].海洋学报,2012,34(2):73-83.

韦钦胜,王辉武,葛人峰,等.南黄海悬浮体的垂直分布特性及其指示意义[J].地球科学进展,2013,28(3):374-390.

吴小根,王爱军.人类活动对苏北潮滩发育的影响[J].地理科学,2005,25(5):614-620.

熊应乾,杨作升,刘振夏.长江、黄河沉积物物源研究综述[J].海洋科学进展,2003,21(3):355-362.

徐成.苏北水环境的历史变迁与社会经济发展关系研究[M].南京:南京师范大学出版社,2010.

徐玉琳.江苏省南通市深层含水系统地下水水质咸化特征及成因分析[J].中国地质灾害与防治学报,2002,13(2):45-49.

许乃政,刘红缨,魏峰,等.江苏洋口港地区地下水的环境同位素组成及其形成演化研究[J].环境科学学报,2015,5(12):3862-3871.

杨桂山,施雅风,季子修,等.江苏沿海地区的相对海平面上升及其灾害性影响研究[J].自然灾害学报,1997,6(1):88-96.

杨桂山,施雅风,季子修,等.江苏淤泥质潮滩对海平面变化的形态响应[J].地理学报,2002,57(1):76-84.

杨丽芝,曲万龙,张勇,等.基于水化学组分和环境同位素信息探讨山东德州深层承压地下水起源

[J].地球学报,2013,34(4):463-469.

杨巧凤,王瑞久,徐素宁,等.莱州湾沿岸寿光、莱州和龙口地下水的稳定同位素与地球化学[J].地质学报,2016,90(4):801-817.

杨世伦,时钟.长江口潮沼植物对动力沉积过程的影响[J].海洋学报,2001,23(4):75-80.

杨守业,李从先,张家强.苏北滨海平原全新世沉积物物源研究-元素地球化学与重矿物方法比较[J].沉积学报,1999,17(3):458-463.。

杨扬,汪亚平,高建华.长江口枯季水动力悬沙特征与再悬浮研究[J].南京大学学报(自然科学版),2006,42(6):643-655.

杨耀中,孔得雨,葛黎丽.南黄海辐射沙脊群研究进展[J].科技资讯,2013(12):143-145.

杨子赓,南黄.海陆架晚更新世以来的沉积及环境[J].海洋地质与第四纪地质,1985,5(4):1-19.

殷勇,张宁.南黄海辐射沙脊群西洋潮道晚更新世晚期以来沉积环境[J].古地理学报,2010,12(5):618-628.

尹明泉,李采.黄河三角洲河口段海岸线动态及演变预测[J].海洋地质与第四纪地质,2006,26(6):35-40.

袁瑞强,宋献方,王鹏,等.白洋淀渗漏对周边地下水的影响水科学进展[J].水科学进展,2012,23(6):751-756.

张弛,郑金海,刘桂平,等.江苏近岸海域水动力特征及其对围垦工程的响应[J].水利经济,2012,30(3):6-9.

张忍顺,陆丽云,王艳红.江苏海岸侵蚀过程及其趋势[J].地理研究,2002,21(4):469-478.

张忍顺.苏北黄河三角洲及滨海平原的成陆过程[J].地理学报,1984,39(2):173-184.。

张瑞,汪亚平,潘少明.长江大通水文站径流量的时间序列分析[J].南京大学学报(自然科学版),2006,42(4):423-434.

章斌,郭占荣,高爱国,等.用氢氧稳定同位素揭示闽江河口区河水、地下水和海水的相互作用[J].地球学报,2013,34(2):213-222.

章斌,宋献方,郭占荣,等.用氯和氢氧同位素揭示洋戴河平原地下水的形成演化规律[J].环境科学学报,2013,33(11):2965-2972.

章艳红,叶淑君,吴吉春.全球大气降水中年平均氚浓度的恢复模型[J].地质评论,2011,57(3):409-418.

赵继昌,梁静,蔡鹤生.苏北平原地下咸淡水形成与含水介质的关系[J].水文地质工程地质,1993,20(3):25-27.

赵强,曹维,蔡燕红.不同围填海方案对南黄海辐射沙脊群海域的冲淤影响研究[J].南京大学学报(自然科学版),2014,50(5):679-686.

赵强,何琴燕,杨耀芳,等.人工岛工程对南黄海辐射沙脊群海域潮流泥沙影响研究[J].海洋通报,2014,33(4):397-404.

郑金海,彭畅,陈可锋,等.潮汐汊道稳定性研究综述[J].水利水电科技进展,2012,32(3):67-74.

郑淑惠,侯发高,倪葆龄.我国大气降水的氢氧稳定同位素研究[J].科学通报,1983,28(13):801-806.

郑祥民,彭加亮,郑玉龙.东海海底末次冰期埋藏风成黄土地层初步研究[J].海洋地质与第四纪地质,1993,13(3):49-56.

周长振,孙家淞.试论苏北岸外浅滩的成因[J].海洋地质与第四纪地质,1981,1(1):83-91.

周慧芳,谭红兵,张西营,等.江苏南通地下水补给源、水化学特征及形成机理[J].地球化学,2011,40(6):566-576.

朱晓东,任美锷,朱大奎.南黄海辐射沙洲中心沿岸晚更新世以来的沉积环境演变[J].海洋与湖沼,

1999,30(4):427-434.

朱玉荣.南黄海辐射沙脊成因研究新进展[J].海洋地质与第四纪地质,1998,18(3):114-118.

Argamasilla M, Barberá J A, Andreo B. Factors controlling groundwater salinization and hydrogeochemical processes in coastal aquifers from southern Spain [J]. Science of the Total Environment, 2017,580:50-68.

Boak E H, Turner I L. Shoreline definition and detection: A review [J]. Journal of Coastal Research,2005,21(4):688-703.

Bouragba L, Mudry J, Bouchaou L, et al. Isotopes and groundwater management strategies under semi-arid area: Case of the souss up stream basin (Morocco) [J]. Applied Radiation and Isotopes, 2011,69:1084-1093.

Bretzler A, Osenbrück K, Gloaguen R, et al. Groundwater origin and flow dynamics in active rift systems-A multi-isotope approach in the Main Ethiopian Rift [J]. Journal of Hydrology,2011,402: 274-289.

Carucci V, Petitta M, Aravena R. Interaction between shallow and deep aquifers in the Tivoli Plain (Central Italy) enhanced by groundwater extraction: A multi-isotope approach and geochemical modeling [J]. Applied Geochemistry,2012(27):266-280.

Chen Z Y, Qi J X, Xu J M, et al. Paleoclimatic interpretation of the past 30 ka from isotopic studies of the deep confined aquifer of the North China plain[J]. Applied Geochemistry,2003,18:997-1009.

Chen Z, Zhang W. Quaternary stratigraphy and trace-element indices of the Yangtze Delta, eastern China, with special reference to marine transgressions[J]. Quaternary Research,1997,47(2):181-191.

Colombani N, Cuoco E, Mastrocicco M. Origin and pattern of salinization in the Holocene aquifer of the southern Po Delta (NE Italy) [J]. Journal of Geochemical Exploration,2017,175:130-137.

Dieng N M, Orban P, Otten J, et al. Temporal changes in groundwater quality of the Saloum coastal aquifer [J]. Journal of Hydrology: Regional Studies,2017,9:163-182.

Du Y, Ma T, Chen L Z, et al. Genesis of salinized groundwater in quaternary aquifer system of coastal plain, Laizhou Bay, China: Geochemical evidences, especially from bromine stable isotope [J]. Applied Geochemistry,2015,59:155-165.

Eissa M, Thomas J, Pohll G, et al. Groundwater recharge and salinization in the arid coastal plain aquifer of the Wadi Watir delta, Sinai, Egypt [J]. Applied Geochemistry,2016,71:48-62.

Genz A S, Fletcher C H, Dunn R A, et al. The predictive accuracy of shoreline change rate methods and alongshore beach variation on Maui, Hawaii[J]. Journal of Coastal Research,2007,23(1):87-105.

Han D M, Song X F, Currell M J, et al. Chemical and isotopic constraints on evolution of groundwater salinization in the coastal plain aquifer of Laizhou Bay, China [J]. Journal of Hydrology,2014, 508:12-27.

Hosono T, Wang C H, Umezawa Y, et al. Multiple isotope (H, O, N, S and Sr) approach elucidates complex pollution causes in the shallow ground waters of the Taipei urban area [J]. Journal of Hydrology,2011,397:23-36.

Jasechko S, Perrone D, Befus K, et al. Global aquifers dominated by fossil groundwaters but wells vulnerable to modern contamination[J]. Nature Geoscience,2017,10:425-429.

Jasechko S. Late-Pleistocene precipitation $\delta^{18}O$ interpolated across the global landmass [J]. Geochemistry, Geophysics, Geosystems,2016,17:3274-3288.

Jiang Y H, Jia J Y, Xu N Z, et al. Isotope component characteristics of groundwater in Chang zhou,Suzhou and Wuxi area and their implications[J]. Sci China (Ser D Earth Sci),2008,51(6):778-787.

Jurado A,Vàzquez-Suñé E,Soler A,et al. Application of multi-isotope data (O,D,C and S) to quantify redox processes in urban groundwater [J]. Applied Geochemistry,2013,34:114-125.

Lin I T,Wang W H,Lin S,et al. Groundwater-seawater interactions off the coast of southern Taiwan:Evidence from environmental isotopes [J]. Journal of Asian Earth Sciences,2011,41:250-262.

Liu Y Z,Wu Q,Lin P. Restudy of the storage and migration model of the Quaternary groundwater in Beijing Plain area [J]. Science China:Earth Sciences,2012,5(7):1147-1158.

Mahlknecht J,Merchán D,Rosner M,et al. Assessing seawater intrusion in an arid coastal aquifer under high anthropogenic influence using major constituents,Sr and B isotopes in groundwater [J]. Science of the Total Environment,2017,587-588:282-295.

Monjerezi M,Vogt R D,Aagaard P,et al. Using $^{87}Sr/^{86}Sr, \delta^{18}O$ and $\delta^{2}H$ isotopes along with major chemical composition to assess groundwater salinization in lower Shire valley,Malawi [J]. Applied Geochemistry,2011,26:2201-2214.

Morán C A A. Spatio-temporal analysis of Texas shoreline changes using GIS technique[D]. College Station:Texas A&M University,2003.

Moussa A B,Zouari K,Marc V. Hydrochemical and isotope evidence of groundwater salinization processes on the coastal plain of Hammamet-Nabeul,north-eastern Tunisia [J]. Physics and Chemistry of the Earth,2011,36:167-178.

Négrel P,Millot R,Guerrot C,et al. Heterogeneities and interconnections in groundwaters:Coupled B,Li and stable-isotope variations in a large aquifer system (Eocene Sand aquifer,Southwestern France) [J]. Chemical Geology,2012,296-297:83-95.

Negrel P,Pauwels H,Dewandel B,et al. Understanding groundwater systems and their functioning through the study of stable water isotopes in a hard-rock aquifer (Maheshwaram watershed,India) [J]. Journal of Hydrology,2011,397:55-70.

Paula M C,José M M,Dina N. Source of groundwater salinity in coastline aquifers based on environmental isotopes (Portugal):Natural vs. human interference. A review and reinterpretation [J]. Applied Geochemistry,2014,41:163-175.

Raidla V,Kirsimäe K,Vaikmäe R,et al. Carbon isotope systematics of the Cambrian-Vendian aquifer system in the northern Baltic Basin:Implications to the age and evolution of groundwater [J]. Applied Geochemistry,2012,27:2042-2052.

Santucci L,Carol E,Kruse E. Identification of palaeo-seawater intrusion in groundwater using minorions in a semi-confined aquifer of the Río de la Plata littoral (Argentina) [J]. Science of the Total Environment,2016,566-567:1640-1648.

Siebert C,Rosenthal E,Möler P,et al. The hydrochemical identification of groundwater flowing to the Bet She'an-Harod multiaquifer system (Lower Jordan Valley) by rare earth elements,yttrium,stable isotopes (H,O) and Tritium[J]. Applied Geochemistry,2012,27:703-714.

Stephen R P,Christopher H G,Gammons M,et al. Behavior of stable isotopes of dissolved oxygen,dissolved inorganic carbon and nitrate in groundwater at a former wood treatment facility containing hydrocarbon contamination [J]. Applied Geochemistry,2012,27:1101-1110.

Xu N Z,Gong J S,Yang G Q. Using environmental isotopes along with major hydro-geochemical compositions to assess deep groundwater formation and evolution ineastern coastal China [J]. Journal of Contaminant Hydrology,2018,208:1-9.

Zabala M E, Manzano M, Vives L. The origin of groundwater composition in the Pampeano Aquifer underlying the Del Azul Creek basin, Argentina [J]. Science of the Total Environment, 2015, 518-519:168-188.

主要内部参考资料

江苏省地质调查研究院. 江苏省近岸海域多目标区域地球化学调查[R]. 南京:江苏省地质调查研究院,2009.

江苏省地质调查研究院. 江苏海岸带滩涂资源及海岸线演变遥感调查[R]. 南京:江苏省地质调查研究院,2000.

江苏省地质调查研究院. 长江三角洲(江北)环境地质调查评价[R]. 南京:江苏省地质调查研究院,2010.

江苏省地质调查研究院. 1∶25万南通市幅区域地质调查报告[R]. 南京:江苏省地质调查研究院,2003.

江苏地质矿产局第一水文队. 江苏省南通地区水文地质地球物理勘探工作总结[R]. 南京:江苏地质矿产局第一水文队,1979.

江苏地质矿产局第一水文队. 长江三角洲地区江苏省域水文物探工作报告[R]. 南京:江苏地质矿产局第一水文队,1985.

华东师范大学地理系. 上海及邻近地区活动断裂与地震活动的初步研究[R]. 上海:华东师范大学,1983.